园林绿化职业技能培训基础教程

中国风景园林学会 编著

弓清秀 王永格 丛日晨 李延明 等

Basic training course for occupational skills of landscape greening

中国建筑工业出版社

图书在版编目（CIP）数据

园林绿化职业技能培训基础教程 / 中国风景园林学会等编著. — 北京：中国建筑工业出版社，2019.4

ISBN 978-7-112-23262-8

Ⅰ.①园… Ⅱ.①中… Ⅲ.①园林—绿化—水平考试—教材 Ⅳ.① TU986.3

中国版本图书馆CIP数据核字（2019）第024152号

责任编辑：杜 洁
责任校对：李欣慰

园林绿化职业技能培训基础教程

中国风景园林学会
弓清秀 王永格 丛日晨 李延明 等 编著

*

中国建筑工业出版社出版、发行（北京海淀三里河路 9 号）
各地新华书店、建筑书店经销
北京雅盈中佳图文设计公司制版
北京中科印刷有限公司印刷

*

开本：787 × 1092 毫米 1/16 印张：6¼ 字数：145 千字
2019 年 3 月第一版 2019 年 3 月第一次印刷
定价：38.00 元
ISBN 978-7-112-23262-8
（33528）

编 委 会

主　任：强　健

副主任：贾建中　杨忠全

主　编：弓清秀　王永格　丛日晨　李延明

编　委（按姓氏笔画排序）：

卜燕华　王艳春　刘建军　任爱国　杜万光

李连龙　宋利娜　郭　蕾　董海娥　魏宝玉

前　言

自十八大把生态文明建设提升到国家“五位一体”的战略高度以来，我国城镇绿化美化建设事业飞速发展。同期，国务院推进简政放权，把花卉园艺师等一千多种由国家认定的职业资格取消，交给学会、行业协会等社会组织及企事业单位依据市场需要自行开展能力水平评价活动。在当下市场急需园林绿化人才，国家认定空缺的特定历史时期，北京市园林科学研究院组织一批理论基础扎实、实践经验丰富的中青年专家，以园科院20余年在园林绿化工、花卉工培训、鉴定及10余年在园林绿化施工安全员、质检员、施工员、资料员、项目负责人培训考核方面的经验，根据国家行业标准《园林行业职业技能标准》（CJJ/T 237—2016），结合最新的市场需求、最新的科研成果、最新的施工技术编写了这套园林绿化职业技能培训教程，以填补当下园林绿化从业者水平考评的缺失。

本书可作为园林绿化从业者的培训教材，也可作为园林专业大中、专学生和园林爱好者的学习用书。全书共分五册，本册职业道德部分由杜万光和刘建军编写，园林概述内容由李连龙编写，植物与植物生理部分由卜燕华编写，园林土壤内容由王艳春编写，园林树木部分由王永格编写，园林花卉内容由宋利娜编写，园林建筑、山水、施工安全部分由任爱国编写，园林植物保护和农药使用安全内容由郭蕾编写，法律法规部分由丛日晨和魏宝玉编写。

本书在编写过程中，作者对原北京市园林局王兆荃、周文珍、韩丽莉、周忠樑、丁梦然、任桂芳、衣彩洁、吴承元、张东林等专家们所做的杰出工作进行了参考，同时得到了桌红花、苑超等技术人员的帮助，在这里一并表示衷心的感谢！由于我们水平有限及编写时间仓促，书中错误在所难免，望各位专家及使用者多提宝贵意见，以便我们改进完善。

目 录

第一章　职业道德

第一节　职业道德概述

一、道德的内涵

（一）道德的含义

道德可以划分为社会公德、职业道德和家庭美德三部分。谈职业道德问题，首先要对道德的意义有一个基本的了解。

道德是由一定的社会经济关系所决定的特殊意识形态，是以善恶为评价标准，依靠社会舆论、传统习惯和内心信念来维持，调整人与人之间以及与社会之间关系的行为规范总和，具有自律性、稳定性和广泛性等特点。

（二）道德的本质

道德作为一种特殊的社会意识形态，由经济基础决定，是社会经济关系的反映。因此，社会经济关系的性质决定社会道德体系的性质。社会经济关系说到底是利益关系，它所表现出来的利益就决定了道德体系的基本原则和主要规范。社会经济关系变化了，意味着利益再分配，必然引起道德的变化。

市场经济的大潮引发了社会经济关系的巨大变化，冲击着人们的思想，引起包括道德意识在内的巨变。改革开放带来的社会经济快速发展及其过程中产生的种种不端行为，触动着人们的灵魂。

二、职业道德的外延

所谓职业，是参与社会分工，利用专门的知识和技能，为社会创造物质财富和精神财富，获取合理报酬，作为物质生活来源，并满足精神需求的工作。职业道德是所有从业人员在职业活动中应该遵循的行为准则，涵盖了从业人员与服务对象、职业与职工、职业与职业之间的关系。所谓职业道德素质，就是同人们的职业活动紧密联系的、符合职业特点所要求的道德准则、道德情操与道德品质的总和。它是人们在特定的工作和劳动中以其内心信念和特殊社会手段来维系的，以善恶进行评价的心理意识、行为原则和行为规范，它是人们在从事职业的过程中形成的一种内在的、有很大限制性的约束机制。它具有范围的有限性、内容的稳定性和连续性以及形式的多样性等特征。

三、道德与法律的联系和区别

道德相对于法律而言是一种特殊的行为规范。一是从产生时间看，道德先于法律产生。简单而言，人类社会诞生伊始，国家尚未出现，便没有法律，而此时生产力低下，首先面临的是生存问题，为了生存，人们需要团结合作，由此出现了最早的互助道德意识；二是从依靠的力量来看，法律是由国家制定，并依靠国家力量强制执行，具有强制性。道德则依靠人的内心信念和外在的社会舆论等来维护，不具有强制性；三是从作用的范围看，法律只干涉违法行为，道德干涉的范围要更广。例如，有些人“大法不犯，小错不断，气死领导，难坏法院。”这种情况下，就要依靠道德的力量。对社会，道德是调节社会关系的重要手段，法治与德治相结合是治国的重要方略，许多法律就是从道德习惯上转化而来。在作用上，二者相辅相成、相互促进，德治为“宽”，法治为“猛”，宽以济猛，猛以济宽；在内容上，二者相互重叠、相互转换。

四、职业道德的历史变迁

职业道德的历史变化包括萌芽期、形成期、发展期、成熟期。职业道德是随着社会分工的发展，并出现相对固定的职业时产生的。人们的职业生活实践是职业道德产生的基础。

在原始社会末期，由于生产和交换的发展，出现了农业、手工业、畜牧业等职业分工，职业道德开始萌芽。进入阶级社会以后，又出现了商业、政治、军事、教育、医疗等职业分工。在一定的社会经济关系基础上，这些特定的职业不但要求人们具备特定的知识和技能，而且要求人们具备特定的道德观念、情感和品质。各种集团为了维护职业利益和信誉，适应社会的需要，从而在职业实践中，根据一般社会道德的基本要求，逐渐形成了职业道德规范。在古代文献中，早有关于职业道德规范的记载。例如，公元前 6 世纪的中国古代兵书《孙子兵法 · 计》中，就有“将者，智、信、仁、勇、严也”的记载。智、信、仁、勇、严这五德被中国古代兵家称为将之德。公元前 5 世纪古希腊的《希波克拉底誓言》，是西方最早的医界职业道德文献。明代兵部尚书于清端提出的封建官吏道德修养的六条标准，被称为“亲民官自省六戒”，其内容有“勤抚恤、慎刑法、绝贿赂、杜私派、严徵收、崇节俭”。中国古代的医生，在长期的医疗实践中形成了优良的医德传统。“疾小不可云大，事易不可云难，贫富用心皆一，贵贱使药无别”，是医界长期流传的医德格言。

一定社会的职业道德受该社会的分工状况和经济制度所制约。在封建社会，自给自足的自然经济和封建等级制不仅限制了职业之间的交往，而且阻碍了职业道德的发展。只是在某些工业、商业的行会条规以及从事医疗、教育、政治、军事等行业的著名人物的言行和著作中包含有职业道德的内容。在这一社会的行业中，也出现过具有高超技艺和高尚品德的人物，他们的职业道德行为和品质受到广大群众的称颂，并世代相袭，逐渐形成优良的职业道德传统。资本主义商品经济的发展，促进了社会分工的扩大，职业和行业也日益增多、复杂。各种职业集团，为了增强竞争能力，增殖利润，纷纷提倡职业道德，以提高职业信誉。在许多国家和地区，还成立了职业协会，制定协会章程，规定职业宗旨和职业道德规范。从而促进了职业道德的普及和发展。在资本主义社会，不但先前已有的将德、官德、医德、师德等进一步丰富和完善，而且出现了许多以往社会中所没有的道德，如企业道德、商业道德、律师道德、科学道德、编辑道德、作家道德、画家道德、体育道德等等。

第二节　职业道德的构成

一、职业道德的基本内容

社会主义开辟了人类社会发展的新纪元，在其初级阶段建立了以生产资料公有制为主体的多种经济成分并存的所有制体系，并相应地采取了按劳分配为主体的多种分配方式。这种新型的社会主义经济关系决定了社会主义职业道德在本质上不同于以往社会的职业道德，不再为少数人服务，而是把个人利益与社会利益有机统一，构建平等、和谐的新型职业关系，是社会主义道德体系的有机组成部分。社会以主义职业道德确立了以为人民服务为核心，以集体主义为原则，以爱祖国、爱人民、爱劳动、爱科学、爱社会主义为基本要求，以爱岗敬业、诚实守信、办事公道、服务群众、奉献社会为主要规范和主要内容。

（一）爱岗敬业

爱岗敬业：是指从业人员在特定的社会形态中，尽职尽责地履行自己所从事的社会事务，以及在职业生活中表现出来的兢兢业业的强烈事业心和忘我精神。爱岗敬业是对各行各业工作人员最基本的要求，是为人民服务和集体主义精神的具体体现，是职业道德基本规范的核心和基础。

爱岗敬业必须树立正确的职业态度：职业态度就是劳动态度，它是各行各业的劳动者对社会及其他劳动者履行各种劳动义务的基础。爱岗敬业必须树立正确的职业理想：职业理想贯穿于职业活动实践的始终，它决定着从业者的基本劳动态度。社会主义职业道德所提倡的职业理想以为人民服务为核心，以集体主义为原则，热爱本职工作，兢兢业业干好本职工作。爱岗敬业必须掌握并不断提高职业技能：职业技能不仅能在人们确立职业态度、明确职业理想的过程中起到积极作用，而且也是从业者职业理想付诸实现的重要保障。爱岗敬业必须自觉遵守职业纪律：职业纪律是调整职业实践的行为方式，保证行业内部行为一致并履行自己业已确定的职业道德规范的一种条件机制，它兼有法制、行政规范强制性和道德规范感召性的双重特征，是在社会主义条件下为完善各行各业的科学管理所提倡的职业道德，并最终扩展到全社会实现由法制调节过渡到道德调节的必要环节。

（二）诚实守信

诚实守信：是指外在言行与内心思想的一致性，即不弄虚作假、不欺上瞒下，言行一致、表里如一，做老实人、说老实话、办老实事。遵守诺言、讲求信誉，注重信用，忠实地履行自己应当承担的责任和义务。诚实和守信两者是紧密联系在一起的。诚实中蕴含着守信的要求，守信中包含着诚实的内涵。

诚实守信作为社会主义职业道德的基本规范之一，是社会发展的必然要求。诚实守信不仅是个人安身立命的基础，也是企业赖以生存和发展的基础，更是社会主义市场经济发展的内在要求。诚实守信具体体现在：诚实劳动、遵守合同和契约、维护单位的信誉、保守单位秘密等。

（三）办事公道

办事公道：是指从业者在办事情、处理问题时站在公正的立场上，对当事各方公平合理、不偏不倚，都按照一个标准办事。

办事公道这一职业道德规范要求各行各业的劳动者在本职工作中，做到公平、公开、公正，不以私损公、不阳奉阴违。办事公道是社会主义职业道德的一个重要方面，是职业活动中的一种高尚道德情操，也是千百年来为人所称道的职业品质。办事公道具体要求体现在：坚持真理、光明磊落、公平公正、公私分明。

（四）服务群众

服务群众的内容包含两个层次：首先，要求热情周到，从业人员对服务对象和群众要主动、热情、耐心，服务细致周到、勤勤恳恳；其次，努力满足群众需要，为群众提供方便，想群众之所想，急群众之所急。

“服”有承担、担当之意，“务”的本意是勉力从事。服务群众揭示了职业与人民群众的关系，指出了职业劳动者的主要服务对象是人民群众。服务群众是职业行为的本质，是社会主义道德建设的核心在职业活动中的具体运用。

（五）奉献社会

奉献社会：就是全心全意为社会作贡献，为人民谋福祉，是为人民服务和集体主义精神的最高体现，是社会主义职业道德的最高要求和最高境界，也是从业人员应具备的最高层次职业的修养。

在社会主义市场经济条件下，讲无私奉献精神，必须和利益追求结合起来，应当在求利的过程中发扬无私奉献的精神。个人求利首先应当以奉献为前提条件，把个人的利益融合在国家和人民的整体利益之中，勇于为人民的利益和社会的利益牺牲个人利益。只有这样，才能正确处理国家、集体和个人三者之间的利益关系，防止极端个人主义、利己主义倾向，从而形成自觉奉献、健康追求的高尚情操。

二、职业道德规范的核心

《中共中央关于加强社会主义精神文明若干问题的决议》规定了各行各业都应遵守的职业道德五项基本规范，即爱岗敬业、诚实守信、办事公道、服务群众、奉献社会。为人民服务是社会主义职业道德的核心规范，是贯穿于全社会共同职业规范中的基本精神，是社会主义职业道德规范体系的核心。社会主义职业道德规范体系的核心主体部分包括三个层次：第一层次是各行各业都具有职业道德的要求，它所强调的具体职业规范特点显著，并且带有明显的可操作性和历史继承性。它只适用于本行业、本单位、本部门内部。这一层次的具体规范十分庞杂，只能由各行各业、各单位自己去制定。第二层次是各行各业共同遵守的五项基本规范，即爱岗敬业、诚信守信、办事公道、服务群众、奉献社会，这五项基本规范虽然不具有具体职业的特点，但它是介于社会主义职业道德核心规范与具体行业道德规范之间的职业行为准则。它既概括了各行各业职业道德的共同特点，同时也是对各行各业提出的共同要求。它所反映的是社会的公共利益，而不是各行各业从业人员的自身利益，它是为人民服务核心规范的具体化。第三层次是最高层次上的社会主义职业道德的核心规范——为人民服务。它是从业人员在进行具体职业活动中应该遵守的最根本准则，是进行职业活动的根本指导思想。它既是每一项职业活动的出发点，也是每一项职业活动的落脚点。

三、职业道德的基本原则

原则是指人们行为依据的准则，具有全局统率、指导作用和对是非进行判断的标准作用。在我国社会主义市场经济不断发展的今天，各行各业的行为规范各有差别。但集体主义的确是各个职业领域所必须贯彻的职业道德基本原则。因为集体是由一定的权利义务关系和组织系统联系起来的各种社会共同体。共同的利益、共同的组织、共同的目标是构成集体的三大要素。集体主义原则是正确处理从业者个人与集体之间利益关系的核心原则。集体主义作为社会主义道德建设的原则，是社会主义经济、政治和文化建设的必然要求。在社会主义社会，人民当家做主，国家利益、集体利益和个人利益在根本上是一致的。贯彻集体主义基本原则，就是要把集体主义的精神渗入到社会生产和生活的各个层面，引导人们正确认识和处理国家、集体、个人的利益关系，提倡个人利益服从集体利益、局部利益服从整体利益、当前利益服从长远利益，反对小团体主义、本位主义和损人利己、损公肥私，要把个人理想与奋斗融入广大人民的共同理想与奋斗之中。

四、职业道德的特征

（一）继承性与创造性的统一

社会主义社会作为人类历史上的一个社会发展阶段，是对以往人类社会历史批判地继承和发展。职业道德也是在对传统优秀道德批判地继承的基础上，赋予其新的内涵，提出符合社会发展需求的新的职业道德要求。因此，社会主义职业道德是继承性与创造性的统一。

（二）阶级性和人民性的统一

社会性质决定道德性质，职业道德建设的目的是人民群众的根本利益，是阶级性和人民性的统一。特别是社会主义初级阶段，非公有制经济形式将长期存在，使得这种阶级性和人民性更加鲜明。

（三）先进性和广泛性的统一

职业道德是对先进的社会主义的社会经济关系的反映，反映的是人民群众的根本利益。同时它批判地继承和发展了传统优秀道德，提出符合社会发展需求的新的职业道德要求。并且从实际出发，根据现阶段人们在思想、道德认识上的差异，提出不同层次上的道德要求，达到先进性和广泛性的有机统一。

五、职业道德的社会作用

（一）有利于调整职业利益关系，维护社会生产和生活秩序

行业利益和个人利益是客观存在的，调整这些利益关系，不仅需要法律、经济、行政上的措施，还需要道德特别是职业道德的引导。在处理个人、企业、行业和社会之间的关系时，按照社会主义职业道德的集体主义原则的要求，正确处理集体利益和个人利益之间、“小集体”与“大集体”之间的关系，反对个人主义、拜金主义和享乐主义。

（二）有助于提高人们的社会道德水平，促进良好社会道德风尚的形成

社会主义职业道德作为社会主义道德的重要组成部分，通过教育从业人员树立为人民服务的思想，以集体主义原则正确处理个人利益和集体利益的关系，培养个人职业素养和职业技能，促进职工个人的自我价值实现和单位、行业、社会的全面发展。一方面，通过构建和谐的职业关系来高效地创造物质财富，另一方面，在创造物质财富的过程中承担社会主义精神文明建设的责任和义务。任由不择手段地追逐名利、制假贩假、不讲信誉等不良现象蔓延，必然恶化整个社会生活、社会风尚和社会环境。

（三）有利于完善人格，促进个人的全面发展

职业道德建设旨在提高从业人员的职业道德素养，包括职业理想、职业态度、职业义务、职业纪律、职业良心、职业荣誉、职业作风等职业道德要素，从而形成从业人员的敬业、诚信、公道、守纪、合作、奉献的职业操守。具备较高职业道德素养和职业道德操守的人，必然是宽宏大度、勇于担当、勤奋进取的人，无论对企业和社会都是有益的。反之，狭隘虚伪、嫉妒推诿、贪婪自私的人，不受身边的人欢迎，更不受企业和社会的欢迎。卡耐基曾经说过：“一个人事业上的成功，只有15%是由于他的专业技术，另外的85%靠人际关系、处世技能。”这里的处世技能主要是指与人沟通和交往的能力，以及宽容心、进取心、责任心和意志力等品质。

六、市场经济影响下的职业道德

（一）市场经济默认的基本前提是经济活动的参与者都是自利行为者，经济行为的目标和动力是利益和对利益的追求，否则，无从谈市场经济。自利本身不具有道德性，亦非善恶，一方面，若无自利追求，把经济活动仅仅交给道德规范去调整，必然两败俱伤，不仅经济活动无法正常、有序、高效地开展，道德本身也将陷入尴尬；另一方面，有自利追求，而无道德操守，见利忘义，唯利是图，不择手段，将搞乱社会经济秩序，使欺诈盛行，假货当道，降低社会效率。

（二）市场行为参与者对利益的追求总是在一定的人际关系和社会关系中实现的，就要通过有效地协调人际和社会利益关系来实现。市场主体如果总是采取自利的方式和行为追求自己利益的最大化，而不考虑对方利益的实现，自利目的恐怕难以实现。实现自利追求的人必须清楚地认识到他人自利追求的合理性和不可替代性，这也是自利追求的最大可能的限度和边界，否则，将陷入“囚徒困境”。

（三）自利追求与道德操守协调契合的基本点主要建立在交易双方稳固、可靠的信用关系上，双方都表现出诚实守信的品格，这是自利追求合理性的最安全的保险。双方只有坚持诚实守信的原则，建立交易信用，才能降低活动成本，抑制非经济行为，提高经济效益。当代经济中，越是发达的市场经济越需要合作，缺乏诚信的人会失去合作者，难以实现自利追求。

充分理解和认识以上三点内容，我们才能认清市场经济条件下的职业道德的特殊性和重要性，立足职场，坚守职业道德。

第三节　园林行业的职业道德

园林行业为社会提供优美环境和精品文化，满足着市民和游人的精神享受及文化需求，是社会主义精神文明建设的窗口行业。随着城市园林绿化事业快速发展，城市园林景观的不断完善和提升，园林绿化行业从业者的地位作用已越来越凸显。新形式、新背景下要求园林从业者不仅要加强专业知识提升，更需要加强职业道德的教育和学习，以适应蓬勃发展的园林实业，保证城市园林绿化建设质量和景观水平的不断提高。同时，园林从业者良好的职业道德可以使人们深切感受到景色之美、社会之和谐、生活之幸福。

一、园林行业职业道德内涵

（一）爱岗敬业，献身园林事业

所谓“干一行爱一行”，只有热爱园林绿化工作，尊重园林职业，才能更好地献身于园林事业。园林工作者们应该认识到，园林绿化建设是在为子孙后代创造福祉，为社会的发展创造可持续的条件。无论在实际工作中分工如何，都应该有作为园林人的自豪感与使命感，树立以工作为荣、以工作为乐的道德意识，全身心投入到园林事业中来。

（二）刻苦学习，提高专业技术

园林绿化作为朝阳行业，无论是设计风格，还是养护方法，乃至施工技术等方面都在进行革新，所以，园林从业者要不断学习，更新知识储备，提高技术水平。在日常工作中，一是要经常阅读专业书籍，了解当前园林绿化现状、园林绿化法律法规、常用苗木种类生态习性、园林绿地灌溉养护等常识；二是可以通过同行间及时沟通，相互学习，增加专业知识储备。只有这样才能顺利地开展日常工作，否则园林从业者的认识高度就会受到制约，职业道德的理性遭到质疑，也就谈不上先进的设计理念与高超的管理技术。更不能以学历、年龄等为借口，拒绝知识更新，因为学习是一种态度，是一个园林人践行职业道德的方式。

（三）勇于担当，确保工作质量

所谓担当，就是要有主人翁意识，具有“义务心”。义务心是指园林从业者要有对家庭、单位乃至整个社会应尽义务的态度，它是一种根本素质。园林从业者们应该认识到，我们所从事的，无论是整理绿地卫生、还是移植一株树木，抑或是完成一次灌溉，都不只是一份简单的工作，更是改善生态环境、创建绿色家园过程中必要的一环。只有每个园林人都保持对工作的积极性与主动性，才能确保高质量地完成工作任务。

（四）精益求精，传承工匠精神

工匠精神代表着严谨、坚持与专注的品质，是将日常工作不断完善、不断创新的必然要求。在我国，古有三代人执着于叠石掇山的世家山子张，今有在太行山上创造人工林海奇迹的数万育林人，都是扎根于园林行业的工匠精神践行者，是当今园林人学习的楷模。每天为绿地灌溉，就会熟知不同植物的耐水特性，进而综合天气、土壤、植物生长阶段等信息安排更科学的灌溉频率；从事树木移植，就可以摸索出以什么方式挖掘、包裹，使树木成活率更高。因此，只要为细小的工作注入思考与时间，追求完美与极致，最平凡的岗位也能出彩。

二、园林行业职业道德建设的必要性

（一）职业道德是基本行为准则

是社会道德的重要组成部分，是社会道德在职业活动中的具体表现，是一种更为具体化、职业化、个性化的社会道德。要做一个称职的园林工作者必须遵守职业道德。园林职业道德是所有园林工作人员在活动中应该遵循的基本行为准则。建设良好的道德规范，可以反作用于经济基础，对于提高服务质量，建立人与人之间的和谐关系，落实为人民服务的宗旨，纠正行业的不正之风都具有其他手段不可替代的作用。

（二）职业道德是基本道德准则

歌德曾经说过：世界上只有两样东西能引起人内心的震动，一个是我们头顶上灿烂的星空，另一个就是我们心中崇高的道德准则。三百六十行，各行各业都有自己的道德行为准则。园林技师的职业道德，取决于我们对园林行业的认同度，内心对园林有多少崇敬，又取决于你对园林技术掌握有多少。园林行业从事的工种多，人员进出也十分频繁，涉及专业知识有建筑、植物、艺术等，可谓门类多，因此技术认同难度大，这需要加大对园林行业的认识，加强园林知识的学习和修养，培养对园林的行业认同和情感。

（三）园林职业道德是园林事业发展的基础

孔子曾说过："道之以政，齐之以刑，民免而无耻；道之以德，齐之以礼，有耻且格。"也就是说，用制度法令可以确保行业的运行，人们知道哪些事情可以做，哪些事情不可以做。但是制度一开始不是很完备，因此，人们可以钻制度法令的空子，可以做出不合乎道德而制度未明确规范的事情，这样人们就不会懂得廉耻。而如果以道德规范来约束人们的行为，教化人们的思想，让人们有羞耻之心，形成一种道德观念，当遇到不道德的事情时，人们就会有惭愧之心，会受到良心与社会舆论的谴责，在一定程度上防止违背道德的行为的发生。遗憾的是，在现实中，我们更注重法律法规的建立健全，而忽视了对职业道德氛围的营造。在已经意识到道德建设重要性的组织中，只是单调地宣传"忠诚""真诚""尊重"，对员工职业道德方面的宣传与推动所采取的措施却是微乎其微。职业道德与法律法规之间是相辅相成的。法律法规作为强制性的章程，最低限度地规范员工的行为标准，是事后的、惩罚性的、消极的；而职业道德作为精神上的舆论性的规范，最大限度地约束员工的行为底线，是事前的、自觉的、积极的。两者相互补充，对行业发展起着重要的作用。

三、园林行业职业道德的作用

园林行业职业道德建设为增强园林人才队伍的团结和凝聚力提供了保证。园林职业道德不仅体现在个人的思想境界和言行举止上，更表现在单位职工素质的培养和优良职业环境的营造上。加强园林职业道德建设，可以培养园林从业者良好的道德风尚和高尚的情操，营造园林行业良好的工作环境，树立行业文明的形象。园林职业道德建设可以使从业者之间增强信任和尊重，增强团队的凝聚力，为园林实业的发展提供巨大的精神动力。

园林行业职业道德建设为促进园林技术进步提供动力。园林从业者在实际工作中，相应的规范往往不能涉及所有的工作细节，工作方法与质量存在一定的自由空间。而园林从业者良好的道德品质可以促使他们不断尝试新方法、新途径，以更高品质完成工作任务为目标，在这个过程中实现技术突破与创新。

四、园林行业职业道德建设途径

（一）抓好教育培训，夯实园林职业道德建设的基础

良好的园林职业道德不会自然形成，必须通过深入持久的建设来实现。教育，是职业道德建设的中心环节。要结合园林工作实际制定好教育活动的主题和要求，使道德教育达到深入浅出、深入人心的效果。园林职业道德教育应以爱岗敬业为核心，以实现工作高效、创建优美环境、提供优质服务为标准，以树立行业意识，即环境意识、奉献意识和行业精神为动力，以启发、调动园林从业者的自觉性和积极性为切入点，着力培养热爱园林行业的园林人，推动园林事业的改革发展，促进生态文明的建设。培训，是职业道德建设的重要手段。园林行业相关机构可根据年度工作来制定培训计划，通过授课、讲座、交流、参观等方式开展职业道德及相关内容的培训，并以检查考核制度来确保培训效果，保证各岗位职业道德和服务规范的培训率、知晓率和执行率达到较高水平。例如，可以组织员工参观园林示范工程、规模化苗圃等，员工之间在彼此交流参观体会的过程中强化职业认同感。同时，应该从普及职业道德规范入手，强化职业道德实践，引导职工在具体工作中，自觉履行职业道德要求，摒弃不文明行为。引导园林从业者正确分析和认识道德热点问题，并从自己做起，从身边的事情做起，弘扬正气，培养良好职业道德风尚。

此外，园林事业博大精深，植物种类丰富，园林施工、养护技术不断进步。园林单位需要定期针对植物生理习性、植物修剪方法、病虫害防治及绿地灌溉等专业知识进行培训。研究最前沿的专业技术、积极参与园林技术改造等是园林从业者践行职业道德的方式之一。因为只有了解园林，才谈得上热爱园林。

（二）发挥典型的示范作用，不断提升职业道德建设水平

先进典型的涌现对培养园林行业社会主义的职业道德起到了良好的示范作用，特别是培养、树立职工身边的典型，对发挥榜样的示范作用，具有非常重要的意义。例如，塞罕坝三代护林人用生命谱写了绿色传奇，他们的精神境界、道德情操已成为园林职业道德建设的宝贵资源和生动教材。广泛开展的向先进典型学习活动，能帮助广大园林从业者见贤思齐。特

别是领导干部以身作则、带头向先进典型学习，以自己的模范言行引领行业风尚，对园林职业道德建设引向深入也至关重要。

（三）抓长效机制的建立与保障作用，营造园林和谐氛围

职业道德建设作为精神文明建设的一项重要内容，需要建立相应的机制去保障。例如《城市园林绿化养护管理标准》《园林绿化工程施工规范》等制度，有力地约束了园林从业者的行为。而每年涌现出的创新园林设计方案、高于现行标准的绿化建设工程等充分表现了园林从业者崇高的职业道德和社会责任感。由此可见，政策法规、规章制度等长效机制，是调节人们行为的重要手段，对于培养良好的职业道德有着很强的导向作用。要充分发挥法律法规对道德建设的保障作用，充分发挥规章制度对人们道德行为的激励约束作用，并通过建立健全这些长效机制，让园林职业道德规范成为每个园林从业者的行为标准。园林行业中的专项道德奖励基金等长效机制，将会激励更多的从业者爱岗敬业、热心助人，以主人翁的高度责任感去建设园林、营造园林。

园林职业道德建设是一项循序渐进的系统工程，要坚持从基本道德规范抓起，把职业道德体现在日常的工作、生活中。要积极引导园林从业者正确处理国家、集体、个人三者之间的利益关系，增强社会责任心和道德认同感，养成良好的行为习惯，要结合职业特点和工作实际，开展丰富多彩的群众性精神文明创建活动，以启迪思想、陶冶情操、提升境界。广大党员、干部尤其是领导干部的职业道德、职业素质将影响和引领本行业、本单位的风气，因此抓好这部分重点少数人的职业道德，是加强园林职业道德建设的重中之重。

第二章　专业基础知识

第一节　园林概述

园林绿地的作用不仅包括美化环境，增强人们的身心健康，满足人们游览和日常休憩活动，而且在文化宣传和科学普及等活动中都起着重要的作用。

一、园林

园林主要是指在一定范围内，为了维护和改变自然面貌，改善卫生条件和地区环境条件，根据一定的自然、艺术和工程技术规律，由地形地貌、山水泉石、植物、动物、广场、园路及建筑小品（亭、台、廊、榭……）等造景要素组合建造的，提供人们休息、游览和文化体育活动的、环境优美的绿化空间。

园林是人工创造的，主要功能包括供人游赏、休憩、娱乐，体现人类对大自然的向往，富有自然情趣的游憩观赏环境。园林包括了各种公园、花园、植物园、动物园、风景名胜区、森林公园等。

二、绿地

绿地是泛指种植有树木、花草的绿化地块。

绿地的面积根据性质不同而不同，大到风景名胜区，小到宅旁绿地。绿地的设施质量相差颇大，精美的如中国古典园林网师园、拙政园等，粗放的如工厂区和高速道路绿化的防护林带。

绿地的目的和功能是多种多样的。包括以游憩目的为主且观赏价值较高的公园绿地、花园绿地、森林公园绿地，也包括了以防护为目的的城市防沙滞尘带、卫生防护带、滨河道路绿带。此外，附属绿地包括了工矿企业、机关、学校、部队等单位的附属绿地以及苗圃、茶园、果园等生产绿地。

三、园林绿地

“园林”可供人游憩，且必定是绿地；但“绿地”不一定都是“园林”，且不一定可以供人们游憩。园林包括在绿地内，就所指对象而言，“绿地”的范围比“园林”要更广泛得多，但在艺术性、设施性、游憩及功能性都有所不同。

园林绿地是在一定的地域上，遵循科学原理和美学规律以植物、山石、水体、建筑等为素材创造出的可居住、可游玩、可观赏的生活环境和活动空间。在城市中，园林绿地多以公园、小游园、滨河公园、园林广场等作为主要的表现形式。

城市园林绿地包括了公园绿地，居住区绿地、工业企业绿地、机关绿地、学校绿地、道路广场绿地。例如，居住区公园、植物园、动物园、城市道路绿化、医院学校绿化、机关厂区绿化、交通绿岛、可供城市居民游赏的开放性药圃、花圃等都属于城市园林绿地。

第二节　植物与植物生理

地球上的植物多种多样且分布极广。有单细胞组成的植物，也有多细胞组成的丝状体或叶状体，或有根茎叶分化的植物体。这些植物的形成，经历了漫长的历史进化过程。根据不同植物的特征以及它们的进化关系，一般将植物界的植物分为藻类植物、菌类植物、地衣类植物、苔藓植物、蕨类植物和种子植物六个大的类群。生活方式有能进行光合作用的制造有机物的绿色植物，也有靠摄取有机物进行同化的非绿色植物。

园林植物（观赏植物），根据《中国农业百科全书 · 观赏园艺卷》中的定义，即“具有一定观赏价值，使用于室内外布置及美化环境并丰富人们生活的植物”，园林植物绝大多数属于高等植物，尤以种子植物居多。园林植物是园林绿地的主要组成因素和重要内容。

一、植物的多样性

在自然界中，植物的种类很多，现已知道的植物约有 50 万种，分布在地球上的每一个角落。

植物的个体大小差别很大。小的只有几微米，高的可达 100 余米，如澳洲的杏仁桉树高 105m，树干直径 10m，重量约 2000t。

植物寿命的长短相差也很大。如松柏树寿命较长，能活千年以上；有的植物寿命很短，如长在沙漠地区的短命草，只能活几个星期。

植物的生长速度也不同，如竹类，春天雨后一天能长几十厘米，而地衣植物生长十几年其高度仅有 10cm 左右。

从结构的繁简上看它们的差别也很大。最简单的植物体只由一个细胞构成，如衣藻和小球藻；还有群体植物和多细胞植物。园林植物大多是结构复杂的高等植物。

植物的营养方式也不同。绝大多数植物具有叶绿素或类色素，能利用太阳能把二氧化碳和水合成有机物，这叫自养植物。有一部分植物寄生在别的植物体上，从寄主身上吸取现成的养料维持生活，这类植物叫寄生植物，如菟丝子。此外，还有一部分植物是在死的腐败的生物体上吸取营养维持生活，这类植物叫腐生植物，如天麻。寄生植物和腐生植物都靠吸收其他植物体上的营养维持自己的生活，故合称异养植物。异养植物的体内不含叶绿素，故称它们为非绿色植物。那些体内含有叶绿素、呈现绿色的植物叫绿色植物。

植物的生活环境也不相同，绝大多数植物生长在陆地上，称为陆生植物。根据陆生植物需要阳光的程度不同，分为喜光植物和耐阴植物；又根据陆生植物对土壤和水分的要求及适应程度的差异，分为旱生植物、中生植物及湿生植物。生活在水里的植物，称为水生植物。水生植物又分为浮水植物（如浮萍）和沉水植物、挺水植物。

此外，根据土壤里含盐分的多少及忍耐盐碱的程度不同也分为不同的类型。生活在一般土壤里的植物称为中生植物；有些植物可生在盐渍的海岸上，能忍耐高浓度的盐分，称为盐生植物。

二、植物在自然界及城市建设中的作用

（一）在自然界中的作用

植物在自然界中有两个主要作用，即绿色植物的光合作用和非绿色植物的矿化作用。

地球上只有绿色植物才能进行光合作用，合成复杂的有机物，同时产生氧气。因此，自然界的全部生命都是依靠绿色植物而生存的。

自然界除了无机物合成有机物的过程外，还进行着有机物分解为无机物的过程。这一过程要靠非绿色植物如细菌和真菌来完成。它们把复杂的有机物分解为简单的无机物，又可被绿色植物所利用，再合成有机物，从而完成了自然界中物质的循环。

（二）在城市建设中的作用

园林植物在城市建设中主要有两大作用：美化环境和保护环境。

1. 美化环境的作用

园林植物种类繁多，各有自己的特色，或冬夏常青，或繁华一时（色彩鲜艳或清香扑鼻），或秋色迷人，或果实累累等，具有很高的观赏价值。

植物的优美姿态和生活习性常使人浮想联翩，成为“人格化的自然”。如陈毅词云：“要知松高洁，待到雪化时”，以松比喻坚定不屈。又如毛主席词曰“待到山花烂漫时，她在丛中笑”，歌颂了梅花不畏艰险、谦虚谨慎的品格。荷花有“出淤泥而不染，濯清涟而不妖”的美名，使人们从自然界中汲取道德和修养相互勉励。

2. 保护环境的作用

绿色植物的光合作用除吸收二氧化碳、放出氧气外，许多植物具有吸收和转化有毒气体的功能，如柳树、臭椿能吸收二氧化硫；柳树、刺槐和女贞能吸收氟化氢；枸子和夹竹桃能吸收氯气等。另外，有些植物对有毒气体十分敏感，可以提示环境污染的程度和范围，以便及时采取措施。植物还具有明显的滞尘、降尘、吸收和黏住粉尘的作用，减少对人体的危害。另外，树木能降低风速，能够遮阴，草坪和灌木吸收太阳辐射热，有降低温度和湿润空气的作用。此外，植物还具有阻挠、吸收声波的作用，可以降低城市噪声对人们的侵扰。有的植物还具有杀菌的作用。

三、学习本课程的目的和方法

植物学及植物生理主要包括植物形态、构造、植物的基本类群和植物生理几部分内容。主要研究植物的外部形态、解剖构造以及植物各种生命活动的规律和原理。这门课程是从事

园林工作必须掌握的基础知识。随着学科的发展，植物学分为植物形态学、植物分类学、植物生理学、植物遗传学、植物生态学和地植物学。

学习植物与植物生理学首先必须以辩证唯物主义的观点来认识植物界各种错综复杂的现象，植物体内部，以及植物体与环境之间相互矛盾、斗争而又是对立统一的辩证关系。因此，要用全面、综合、辩证的观点去观察、了解、分析植物体复杂的生命活动现象。

其次，必须理论联系实际。植物及植物生理学是经过长期的生产斗争和科学实验积累和总结出来的。故在学习时，要注意联系园林生产实际、运用本课程和其他课程的知识正确分析和解决园林生产问题，实行科学种树、科学养花和科学育苗。并且，通过实验和学习加深对植物学及植物生理学知识的理解，掌握本课程的基本理论、基本知识和基本技能。

第三节　园林土壤

一、土壤和土壤肥力

土壤是指地球陆地表面能够生长绿色植物的疏松表层。“陆地表层”指出了土壤的位置，“疏松”表明了土壤的物理状态，以区别于坚硬的岩石，“能够生长绿色植物”是土壤的本质，说明作为土壤能为植物的生长提供其所需要的各种生活因子。其中，栽培或生长水生植物的浅水域底的疏松层也纳入园林土壤的范畴。

土壤具有肥力，是土壤最基本的特征。土壤肥力是指土壤在植物生长发育的过程中，能够不断地供应和协调植物所需要的水分、养分、空气、热量和其他环境条件的能力。这种能力是土壤的物理、化学和生物性质的综合反映。肥沃的土壤能够充分、全面、持续地供给植物所需的各种生活因素，而且能调节和抗拒各种不良自然条件的影响，还能调节各肥力因素之间存在的矛盾，以达到适应和满足植物生长的要求。因此，通常把水分、养分、空气、热量称为土壤的四大肥力因素，它们相互联系、相互制约、综合作用，共同构成土壤肥力。这些肥力因素在植物生长过程中，能够最大限度满足植物的需求时，才是土壤肥力的最高表现。

土壤肥力根据其产生的原因不同，可分为自然肥力和人为肥力。自然肥力是指在自然条件下逐渐形成的肥力。人为肥力是指在人为的施肥、灌溉、耕作等条件下形成的。在耕作土壤上，既有自然肥力，又有人为肥力。人为肥力具有特殊的意义，为满足人类各种需要，在植物生产中，采用各种措施，给植物创造较佳的肥力条件，使土壤能够稳、匀、足、适地满足植物生长发育，也就是土壤培肥。土壤肥力因受环境条件和土壤耕作、施肥和管理水平等的限制，只有一部分在生产中表现出来，这部分表现出来的肥力称为“有效肥力”。另一部分没有直接反映出来的肥力叫“潜在肥力”。有效肥力和潜在肥力是相互联系的，可以相互转化，采取适宜的土壤耕作管理措施，改造土壤的环境条件，可促进潜在肥力转化为有效肥力。

二、土壤、肥料和园林生产

土壤是园林植物生产的基础，是人类最基本的生产资料，也是最有价值的自然资源。地球上的植物赖以生长的生态环境中，土壤是不可缺少的重要物质基础。土壤是植物生长的天然基地，为植物的生存提供了场所和空间；还能提供植物生长发育所需要的水分、养分、空气和热量等生活要素。当前，虽然可以在温室、大棚等设施中进行无土栽培，但大规模的园林植物生产、城市园林景观等都离不开土壤。

由于各地所处的地理位置不同，气候条件差异很大，所以形成的土壤类型也极其复杂和多样，不同类型的土壤，其质地、物理化学性质、肥力水平等不同，为种类繁多的植物，提供了丰富的土壤资源。

园林植物种类繁多，生态习性千差万别，对土壤要求各不相同：有些植物适应瘠薄的土壤（如樟子松、落叶松、马尾松、刺槐等）；有的需要生长在肥沃的土壤上（如银杏、月季等）；有的要求干燥、排水良好的土壤条件（如雪松、油松、玉兰等）；有的能在多湿条件下生长良好（如柳树、水杉等）；多数植物喜欢中性土壤条件，但也有的喜欢酸性条件（如杜鹃、山茶、兰花、栀子花）；有的在石灰岩发育的偏碱性土壤上也能生长良好（如杨树、牡丹、榆树、石榴等）；也有的能在盐碱土上正常生长（如泡桐、柽柳、臭椿等）。所以，在园林绿化中坚持“适地种植适地造树”的原则，才能满足园林植物对土壤条件的要求，达到预期的生产目的。当然，有时也要采取改土或换土等措施来适应园林植物的特殊要求。另外，自然界的土壤也是各种各样，如土质有砂有粘，土性有酸有碱。园林工作者需了解土壤学相关知识。

城市绿地土壤具有不同于农田、菜地土壤等耕作土壤的特点，比如土壤层相对瘠薄、自然层次紊乱，混杂着大量的建筑垃圾，土壤密实、通气透水性差等特点，这些特征直接影响着绿地中园林植物的正常生长。也正是城市绿地土壤具有以上的特点，导致了绿地土壤对人工施肥具有较强的依赖性。

肥料是植物的“粮食”。在城市园林生态系统中，自然生态系统的各种特点逐渐消失，生态系统内部各种物质的封闭式循环已不多见。园林植物从土壤中吸收养分，一次性或多次性地以枯枝落叶等植物残落物的形式回归土壤，通过土壤微生物对这些有机残体的分解作用，释放出养分再次为植物所吸收，周而复始，正常循环，植物得到营养物质而正常生存。但是，事实上城市园林系统割断了这种循环，枯枝落叶、地被植物残体多因防火、环境卫生等原因被清除。要想保持并提高土壤肥力，使园林植物旺盛生长，必须补充营养物质，这就是园林植物施肥的重要理论依据。肥料是能够为植物直接或间接供给养分的物质。施肥的目的是为植物生长提供所需要的养分，改良土壤性状，提高土壤肥力，改善植物品质。

由以上分析可知，土壤肥料学是研究植物营养、土壤及肥料三方面的一门科学。合理、科学地利用土壤、管理土壤、施用肥料，根据园林植物的要求，适时、适度地调节土壤肥力因素和其他土壤条件，不仅能使植物健壮生长，而且能使土壤不断肥沃起来。土壤施肥和管理不当，有可能对植物造成毒害或使土壤结构破坏，甚至使土壤受到污染、发生退化等。因此，园林工作者需要土壤肥料学方面的基本知识，从而养护好园林植物，因地制宜地进行园林植物的配置，以及园林植物与土壤的适宜搭配，高效合理地施用肥料，确保土壤养分的平衡供应，才能保证园林生产的持续发展，提高土壤肥力，改善环境。

第四节　园林树木

一、园林树木的概念

（一）园林树木的概念

中国疆域广阔，地跨寒、温、热三带，不同地域树木种类各异，总体来讲可谓种类繁多，丰富多彩，是个多彩多姿的大花园。从园林绿化风景建设和保持国土的良好生态环境而言，园林树木是极为重要的因素。从概念上来讲，园林树木是指城乡各类园林绿地、风景名胜区及相关景观中的各类木本植物，包括乔木、灌木和藤木。园林树木在城市园林中占有较大的比重，是构成城市园林景观的骨架，在园林绿化、美化和防护功能中发挥主导作用。因此，作为园林行业的从业人员，我们有必要掌握园林树木的基本知识、能识别出本地常见的园林树种，了解它们的习性，最大限度发挥树木的综合功能。

（二）园林树木学的内容

园林树木学是指研究园林树木的种类、习性、栽培及应用的科学，属于应用科学范畴，是为园林建设服务的。识别园林树木的种类是我们学习这门课程的前提，研究不同树种的习性是基础，只有了解树木的习性，才能依据习性特征进行栽培应用。园林树木的习性包括生态习性和生物学特性。生态习性是指树木与外界环境的关系，生物学特性是指树木本身的生长发育规律。了解习性的基础上进行园林树木的栽培和应用，达到广泛栽培应用是最终的目的。

（三）园林树木学的学习方法

园林树木种类繁多，形态、习性各异，应用及优点各不相同。学习中要坚持理论联系实际，善于比较、鉴别、分析和归纳，多深入实地观测，分析栽培环境、立地生境与树木生长状况的关系。其次是虚心向有经验的同志学习，园林工作者在引种、繁殖、栽培、管理园林树木的长期工作中积累了丰富的实践经验，这些经验可使我们进一步认识树木习性，指导实际应用，避免走弯路。树木学的学习是一项日积月累的工作，需要多年的实地观察和反复对比，加深印象，巩固记忆，坚持下去，必能取得成效。

二、我国树木资源概况

（一）我国树木资源特点

我国自然条件优越，适于各种树木生长，树木资源极为丰富，在世界上有“园林之母”的美誉。中国的各种名贵园林树木，几百年来不断传至世界各地，对于我国园林事业和园艺植物育种工作发挥着积极作用，因此，各种园林界、植物学界高度赞誉中国为世界园林发祥地之一。原产我国的木本植物约 7500 种，在世界树种总数中所占比例较大，《中国木本植物分布图集》一书记录，中国是全球 12 个“巨大生物多样性国家”之一，拥有超过 30000 种维管植物，其中包括约 11000 种木本植物、物种数量远高于同处中高纬度的北美洲和欧洲。我国已故树木学家陈嵘教授在《中国树木分类学》一书中统计，中国原产的乔灌木种类，高于全世界北温带地区所产的总数，仅 10 个属的乔木种类不是原产我国。被世界园林界称为活化石（孑遗）的银杏、水杉、鹅掌楸、珙桐等树种，均原产于我国。总体来讲，我国园林树木具有种类繁多、分布集中、丰富多彩、特点突出的特点。

（二）我国树木资源开发应用情况

我国树木资源种类繁多，资源丰富，有悠久的栽培历史，如桃花的栽培历史达 3000 年以上，培育出 100 多个品种，在公元 300 余年时传至伊朗，至 15 世纪传至英国，16 世纪美国才引入并栽培桃花。梅花在我国也有 3000 年以上的栽培历史，培育出 300 多个品种，15 世纪先后传入日本和朝鲜，19 世纪传入欧洲，20 世纪传入美国。牡丹也有 1400 多年的栽培历史，宋代时期就已经有近 700 个品种。我国几乎每个城市都有植物园，里面设树木专类园，或直接建立树木园，专门进行树木资源的引种、驯化和筛选，并将驯化成功的种类大面积栽培应用于城市、城镇和乡村等绿化中。

我国树种资源对国外园林行业的发展也起着积极的推动作用，从 19 世纪开始，我国大量植物资源不断流入欧美等国家。英国威尔逊于 1899 ～ 1918 年 5 次访华，从中国引种乔灌木 1200 余种。国外其他国家也相继来华进行植物采挖，并相继开展杂交育种，培育出五彩纷飞的观赏树木品种，可以说国外许多树种直接或间接源自中国。

我国除开发应用野生资源外，杂交育种、实生选种等工作越来越受到重视，老一辈园林工作者在长期栽培中培育出独具特色的品种及类型，如黄香梅、龙游梅、红花檵木、红花含笑、重瓣杏花等，这些都是杂交育种工作中的珍贵种质资源。我国自 1999 年开始新品种授权，更是激发一批育种者的积极性，截至 2014 年，我国共授权树木新品种 827 个，自主培育出了‘丽红’元宝枫、‘红花’玉兰、‘金园’丁香、‘锦叶’栾、‘全红’杨等品种，并成功推广应用到城市绿化中。

三、北京树木资源概况

（一）北京树木资源特点

北京具有 3000 多年的建城史和 850 多年的建都史，早在 50 万年前，便有人类在北京地区活动，2000 年前，北京已成为我国北方政治和经济比较发达的城市，人口活动频繁，土地被开垦，原有的森林和植被类型遭受破坏。时至今日，北京除交通不便、人烟稀少的偏远山区外，原生植被已不复存在。

北京山区海拔低于 800m 处主要是以油松、栓皮栎、槲树、蒙古栎为主的松栎林。其中，自然伴生有元宝枫、栾树、臭椿、鹅耳枥等。阴坡一般有毛叶绣线菊、蚂蚱腿子、薄皮木等构成的密灌丛，有时夹生着油松、槲栎、元宝枫等乔木。

（二）北京树木资源开发应用情况

北京地区的树木资源还是相当丰富的，这为北京城市园林绿化引种利用本地野生树种资源提供了很好的条件。据中国科学院植物研究所植物园的初步调查，北京地区有野生树木247种及变种，约占华北地区野生树种的80%，其中160种具有一定的观赏价值，可直接用于园林绿化、美化或作为育种的原始材料。

在本地区的野生树种中，有些在新中国成立前就已通过人们长期引种栽培驯化，成功应用于城市园林中，如珍珠梅、榆叶梅、太平花、小叶朴、栾树、五角枫、油松、侧柏、地锦等。新中国成立后首都的园林和植物学工作者继续进行野生树木资源的调查、挖掘工作，先后引种驯化白杄、青杄、枸子、北京丁香、溲疏、流苏、天目琼花、白鹃梅、蒙椴、稠李、青檀、接骨木、蔷薇类、忍冬类等一批有价值的树种，大大丰富了园林树木种类。从山区引种驯化观赏价值高的乔灌木并栽植应用到城市园林绿化中，一直是园林行业长期坚持的工作。本地区野生树木资源的利用方面潜力仍然很大，只要科学、合理、因地制宜地加以利用，首都的园林树木种类会进一步丰富，城市生态环境及园林景观一定会进一步得到改善和提高。

四、古树、名木概况

（一）古树、名木的概念

凡树龄达100年及以上的树木都称为古树，其中树龄100年及以上、300年以下的树木为二级古树；树龄300年及以上的树木为一级古树。名木是指具有历史意义、纪念意义（礼品树、友谊树）或珍稀名贵的树种。有些树木具有双重身份，既是古树又是名木，也即为我们常说的古树名木。古树名木是活的文物，具有一定历史意义、文化意义和社会意义，古人常赋予古树名木一定的历史典故或神话色彩，以凸显其重要性。北京比较有名的古树名木有北海公园的“遮荫侯”“白袍将军”“唐槐”，戒台寺的“抱塔松”“自由松”等，中山公园的“槐柏合抱”，潭柘寺的“帝王树”和“配王树”等。

（二）北京古树、名木资源概况

北京是世界上古树资源最多的城市，丰富的古树资源让这座历史名城的文化底蕴更加深厚，自然人文历史资料更加丰富，为古城的名胜古迹增添佳景。据统计，北京全市现有古树名木40721株，涉及31科65种。其中，一级古树6122株。在北京各区县中以海淀区分布最多，有10234株，顺义区最少，仅有58株。北京市海淀区之所以古树资源丰富是与众多的皇家园林有关，如颐和园、圆明园等，另外该区还有许多中外驰名的公园，如香山公园、玉渊潭公园以及卧佛寺、碧云寺、大觉寺、七王坟、九王坟等寺庙和墓府。其中仅香山公园的古树数量就有5870株。原崇文区的一级古树有1172株，基本上都分布在天坛公园，比例占97%，是北京市区一级古树分布最多的公园。原西城区虽然区域面积不大，但是地理位置特殊，各级文物保护单位的数量占到了北京市的1/4，景山公园（1023株古树）、中山公园（612株）、北海公园（587株）、动物园（43株）都是中外旅游者的必到之处。昌平区名胜古迹多，古树资源较丰富，尽管一些建筑物已被毁掉，但遗址荒丘上的古树犹在。昌平区在历史上曾是森林茂密之地，但由于元、明、清代对森林和古树的砍伐，现存的古树多为明清时人工栽种的。怀柔区在历史上也是森林繁茂之地，其区域内的一些村庄的命名都是以树为前提的。其中以红螺寺的古树资源最多，共有 100 年以上的古树 2984 株。门头沟区以名胜古迹而著称，有潭柘寺、戒台寺、妙峰山、百花山和东灵山等。门头沟区古树名木多与历代封建王朝信奉道教、佛教而修建大量寺庙、道观分不开，另外墓地及村庄的风水风景树也占了较大数量。房山区的古树名木虽不多，但许多古树都被列为京郊古树之首，如霞云岭乡下石堡村中的暴马丁香，上方山国家森林公园的七叶树、柏王树等。

北京市属公园颐和园、天坛公园、北京植物园、北海公园、中山公园、景山公园、陶然亭公园、紫竹院公园、玉渊潭公园以及北京动物园中留存了近 1.3 万余株古树，占据了北京古树总量的三分之一，这些古树以其悠久的历史、磅礴雍容的气势，奇绝、苍健的形态而闻名于世，其中如天坛公园的"九龙柏"、北海公园的"白袍将军"、"遮荫侯"以及中山公园的辽柏，早已成为公园的精髓，北京公园的名片。

另外，在北京的郊区，还有一些古树群。古树能够形成群落，比 1、2 株古树更能反映当地生态环境的变化，形成壮观的古树景观。静福寺古树群的古树数量达到了 3036 株，是京郊三大古树群之一。岳各庄乡圣水峪古树群有古漆树 77 株，是少有的古漆树群。长辛店乡太子峪古树群分为 3 片，分别是古侧柏群（63 株）、古油松群（126 株）和古白皮松群（291 株）。

古树是城市悠久历史和文明发展的见证，是自然和文化遗产的重要组成内容，并且与北京园林名胜古迹交相辉映，形成北京独具特色的历史名城。但是，随着树龄的逐年增高及生长环境的恶化，古树、名木的生存受到严峻影响，因此，我们要切实保护好现有古树、名木，使之所承载的历史意义和文化意义世代传承下来。

第五节　园林花卉

一、花卉的概念

花卉有广义还有狭义的概念。狭义的花卉是指具有观赏价值的草本植物，如常见的菊花、芍药、鸡冠花、大丽花、美人蕉等。随时代的进步，科技文化的发展，花卉学的含义也在不断延伸。广义的花卉是指具有观赏价值的植物，除了具有观赏价值的草本植物外，还包括草本和木本的地被植物、花灌木、开花乔木以及盆景等，如沿阶草、麦冬、苔草等地被植物，梅花、桂花、月季、桃花等乔木及花灌木。

二、花卉栽培的作用

（一）在园林绿化中的作用

花卉为园林绿化的重要材料。花坛、草坪及地被植物所覆盖的地面，不仅绿化、美化了环境，还起到防尘、杀菌和吸收有害气体等作用。大面积的地被植物，可以防止水土流失，保护土壤。大力推行园林绿化，植树种草，改善和提升我们的生存环境，已成为刻不容缓的事业。

（二）在文化生活中的作用

花卉业的发展受社会政治经济的制约，也受文化素养的影响。较高层次的文化素养导致人们认识到，花文化是与精神文明建设密切联系的。随着经济发展，人们生活水平的提高，人们对花卉的需求日益增加。人们不仅满足于园林绿地赏花，还要进行室内美化，或用以增加活动氛围。同时，花卉还富有教育意义，有助于人们了解自然、保护自然。

（三）在经济生产中的作用

栽培花卉不仅可以满足人们生活中对各种花卉的需要，还可输出国外，赚取外汇。不仅有广泛的社会效益和环境效益，还有巨大的经济效益。如漳州水仙、兰州百合、康乃馨等。许多花卉除了观赏价值外，还具有药用价值、食用价值，是重要的经济植物。

三、我国花卉资源概况

（一）我国花卉资源特点

我国地域辽阔，地势起伏，纬度跨度大（北纬 10° 至北纬 55°），其延长线达万余公里，有热带、亚热带、温带和寒温带等不同的气候类型，故蕴藏着丰富的花卉资源，大约有 3.5 万种高等植物，是世界上花卉种类和资源最丰富的国家之一，素有“园林之母”之称。牡丹、芍药、山茶、杜鹃、梅花、菊花、水仙、荷花、桂花及兰花，是我国的传统花卉，仅杜鹃花就有 600 种，世界总数约 900 种，除新疆、宁夏外，几乎各省均有分布，而以西南山区最为集中。在世界 500 种报春花中，我国有 390 种，野生报春花遍及云贵高原和松辽平原。世界 400 种龙胆中，我国约有 320 种，百合更占有世界百合种类的 60%。

资源越丰富，越能创造出新的品种，我国近年来逐步增加特有资源的保护程度，各地在资源调查、珍稀品种的繁育等方面都做了大量的工作。

（二）我国花卉资源开发应用情况

我国不仅是一个花卉资源丰富的国家，而且栽培历史悠久。在战国时期已有栽植花木的习惯，至秦汉间所植名花异草更加丰富，其中梅花即有侯梅、朱梅、紫花梅、同心梅、胭脂梅等很多品种。西晋已有茉莉、睡莲、菖蒲、扶桑、紫荆的产地、形态及花期的记载，晋代已开始栽培菊花和芍药。至隋代，花卉栽培渐盛，此时芍药已广泛栽培。至唐代、宋代，花卉的种类和栽培技术均有较大发展，有关花卉方面的专著不断出现。盆景为我国首创，开始年代应为唐代以前。清代国外的大批草花及温室花卉输入我国。 我国不仅是许多名花的原产地，而且在长期生产实践中又培育出许多新的栽培品种，如菊花，在明代即有 300 多个品种，时下已达 7000 多品种。

随着经济的发展及对花卉业的重视，越来越多的生产者、科研人员、经营者加入到花卉行业中来。近年来，花卉业以前所未有的速度得到发展，花卉生产数量不断增加、生产设备不断提高、产品质量不断提升。科研专家及爱好者所培育的新品种不断涌现，如牡丹、月季及草花等。由于花卉市场需求增加，销售数量逐年加大，销售种类有种子、种球、切花、盆花、种苗等。

（三）我国花卉对世界园林的贡献

自 19 世纪大批的欧美植物学工作者来华搜集花卉资源，大量的资源开始外流。100 多年来，仅英国爱丁堡皇家植物园栽培的中国原产的植物就达 1500 种之多。威尔逊自 1899 年 5 次来华，搜集栽培的野生花卉达 18 年之久，掠去乔灌木 1200 余种，还有许多种子和鳞茎。在英国的一些专类园，如杜鹃园中收集了全世界该属植物 28 种，其中 11 种和变种来自中国。北美引种的中国乔灌木就达 1500 种以上，意大利引种的中国观赏植物也约 1000 种，已栽培的植物中德国有 50%、荷兰有 40% 来源于中国。

在育种方面，如蔷薇类育成品种中许多都含有月季、香水月季、玫瑰、木香花、黄刺玫、峨眉蔷薇的血统。茶花类如山茶变异性强，云南山茶花大色眼，两者进行杂交也培育了许多新品种。花灌木类如六道木、醉鱼草、绣线菊、紫丁香、锦带花灯属，草本如乌头、射干、菊花、萱草、百合、翠菊、飞燕草、石竹、龙胆、绿绒蒿、报春花、虎耳草属中都有些种为世界各地引种或作为杂交育种的亲本。

（四）我国花卉业发展前景

花卉业已成为世界新兴产业之一。尽管我国花卉事业形势喜人，但同先进国家相比，还有很大差距。我国花卉资源丰富，具得天独厚的资源优势，如能使其充分开发利用，我国花卉业会有巨大发展。近年来我国特有的、观赏性高的野生资源得到了很好的保护和利用。有的直接引种，有的需经驯化，有的可作为培养新品种的亲本材料。如北京植物园已成功引种并扩繁了大量的大花杓兰。

我国花卉栽培生产技术相对落后，这已引起政府和不少花卉科研单位的重视，积极开展新技术、新品种、新设备的引进和培训，以利我国花卉生产技术的发展和生产设备的改进。花卉种类繁多，要求的生境条件各异，因此选择适宜地区，建立某种花卉的生产基地是发展花卉生产的重要措施，建立整套生产业务，各个环节相互配合。

第六节　园林建筑

一、园林建筑的类型

园林建筑一般分为古典园林建筑和现代园林建筑。古典园林建筑一般出现在古代的园林建筑中，如颐和园、北海、天坛等的皇家园林建筑，还有江南具有代表性的苏州园林中的古典建筑；现代建筑主要是现今公园中出现的现代园林建筑，如公园管理用房、厕所、亭子、花架、栈道、平台等。当然，现代公园中有时也加一些古典元素，做个仿古亭、仿古建筑等，但由于仿古建筑造价昂贵，施工周期长，在现今的公园设计中已较少应用。

（一）古典园林建筑概述

古典建筑是中国古典园林三大构成要素之一。园林建筑既能给人提供居住和游览上的方便，同时本身也创造了园林美，也是游人直接的审美对象。与一般的居住建筑相比，园林建筑一般有以下几个特点：一是与山水风景相适宜的协调曲线；二是为了适宜山水地形的高低曲折而多变的布局；三是追求宁静自然、简洁淡泊、朴实无华、风韵清新的建筑风格；四是空透，以园林中的道路结合建筑物的穿插、“对景”和障隔，创造一种步移景异，具有导向性的游动观赏效果。

传统园林建筑在设计时采用了浓厚民族风格，以其独具匠心的艺术构思、精湛的工程技术手段将建筑物与自然环境融为一体，因势、随形、相嵌、得体，着力创造出千姿百态的园林景观。

古典园林建筑使用的材料一般有木材、砖、石、瓦、油漆、彩绘等，结构形式一般为砖木结构，具有美观、舒适、更能与园林景观融为一体的特点，但缺点是防火、防虫、防腐蚀差，造价高，施工工期长。

（二）现代园林建筑概述

现代园林建筑的外立面装饰采用贴面砖饰面的分格及色彩的搭配，面砖横贴竖贴的配置变换，不同材质的对比等，产生了统一而富于变化的外观形式，会使人感到丰富、自然、和谐；玻璃幕墙、干挂石材、彩色涂料的使用也给园林建筑外墙带来了一种完全不同于由砖木材料构成的建筑外墙的感受。

现代建筑的应用慢慢走向表现材料质感美、表现历史、表现感情、表现人们对美的追求的方式，所以简洁明朗的风格，纯净的几何构图，对玻璃、钢材等材料的精确运用使“国际化”的风格成为时代的时尚。德国的“包豪斯”学派和现代建筑运动的先锋把现代建筑当成了工业产品生产的同时，也使建筑艺术直接地进入到人民大众的日常生活领域，一切创造活动的终极目标就是建筑，这是“包豪斯”宣言里的一句话。在中国，最成功的“包豪斯”风格作品很可能是北京的“798”。

现代园林建筑使用的材料一般为混凝土、钢筋（钢材）、砖、木材、石材、玻璃、涂料、防水材料等。其结构形式一般为砖混结构、钢木结构、钢结构、混凝土结构等。现代园林建筑的特点是建筑形式多变，充分利用了现代建筑材料延伸性好和富于曲线变化的特点，为设计师建筑空间想象提供了可能，如世界著名的“悉尼歌剧院”，外装饰材料丰富、色彩变化多，施工周期短，造价相对较低。缺点是建筑外观处理不好，就会比较生硬，与周边园林景观协调性有一定困难。

（三）园林古建筑的分类

古典园林中的古建筑通常都是一个主体建筑，附以一个或几个副体建筑，中间用廊连接，形成一个建筑组合体。这种手法，能够突出主体建筑，强化主建筑的艺术感染力，还有助于造成景观，使其具有使用功能和欣赏价值。

常见的建筑物有殿、阁、楼、厅、堂、馆、轩、斋，它们都可以作为主体建筑布置。

宫殿是建在皇家园林里，供帝王园居时使用的古典建筑，如颐和园的仁寿殿、玉澜堂等，承德的避暑山庄，均是皇家园林古建筑的代表。

楼阁是在各地园林中普遍采用的一种建筑形式，给人的印象以高耸为主，有一种飞阁崛起、层楼俨以承天的气势。

厅、馆、轩造型丰富。厅，一般内部较大，视野开阔，从厅内观景，山映月照，历历在目。馆，原是取秦汉“馆驿”和“宦官客舍”之意为建筑命名。为便于赏景，一般都建在地势高爽的地方。轩的特征是前檐突起，出廊部分上有卷棚，即所谓“轩昂欲举”。现时也常有人把小的房舍称作轩，其意在于表示风雅。

斋，本来是宗教用语，被移用到造园上来，主要是取它“静心养性”的意思，因而大都建在僻静的区域。

为了点缀风景，增加园景园趣，造园还需因地制宜地布置了一些亭、廊、榭、桥等小品建筑。形式活泼、轻松自如，在空间组合、艺术造型、创造景观上，都有着无与伦比的作用。

亭，是古典园林造园普遍使用的一种建筑形式。它小巧灵活、形体多样，最具有民族风格和地方色彩，用来点缀风景也最容易出效果。园林建造师对它从形体设计、选址定位、建筑施工，到油饰彩绘，都作为珍品精心处理。

廊，是古典园林中最精美的建筑形式之一，有单廊、复廊、双层复道廊等多种形式，起连接建筑物、分隔空间、造就景观、引导游人循廊览胜的作用。

桥，最活泼多姿。由于我国古典园林以山水造景，桥几乎是每园必有。曲桥临水，拱桥飞天，不仅能够加强水意，而且有一种曲尽奇妙的力量。

榭，是建在小水面岸边紧贴水面的小型园林建筑，也有的叫它水亭，带有画舫的意味，大的水面就要建阁了。舫，在园林中是一种仿船形水上建筑，船体花厅，工巧雅致，人们都喜欢称它为画舫。

台，是我国最早出现的建筑形式之一，用土垒筑，高耸广大，有些台上建造楼阁厅堂，布置山水景物。

（四）现代园林建筑分类

依据现代园林建筑的使用功能，大致可分成以下几类：

游憩性建筑，供游人休息、游赏用的建筑，它既有简单地使用功能，又有优美的建筑造型。如亭子、廊道、花架、亲水平台等。

文化娱乐性建筑，园林开展各种活动用的建筑。如游船码头、游艺室、各类展厅、画廊等。

服务性建筑，为游人在游览途中提供生活服务的建筑。如各类小卖部、茶室、餐厅、接待室等。

园林建筑装饰小品，是一类以装饰园林环境为主，注重外观形象艺术效果，又兼有一定使用功能的小型设施。如园椅、园灯、景墙、栏杆等。

园林管理建筑，供园林管理用的建筑物。如公园大门、办公管理室、厕所等。

二、园林建筑的应用

建筑与园林之间经过多年的研究、探讨，在园林景观设计者中已形成一种体系。建筑在园林景观中的应用越来越被人们所关注，通过深入细化的规划，积极的探索，最终寻求一种生态环境改善与土地资源有效利用之间高度平衡的规划方法，使两者相辅相成、相得益彰，促进经济发展和人文生活素质的共同提升。

建筑与园林其实是两种不同风格的艺术载体，各有本身的特点与空间领域，随着社会不断发展，人们的生活素质的提高，对其建筑及环境要求的提高也是自然的。见之于园林造景是独立的，也是统一的。一个建筑在园林造景中应用得当，互融一体，给人赏心悦目、休闲自在的感觉，仿似造景就是巧夺天工。

园林建筑是中国建筑最重要的组成部分。但园林有不同于宫殿、长城、庙宇、桥梁，它有自身的一些特色。园林建筑是与园林环境及自然景致充分结合的建筑，它可以最大限度地利用自然地形及环境的有利条件，满足游人观赏自然风景的需要，又可成为被观赏的自然景色中的一个内容。也就是说，园林建筑的布局是从属于整个园林的艺术构思的，是园林整体布局中的一个重要组成部分，建筑总是服从整个风景环境的统一安排，同时又对总体布局产生重要的影响。

优秀的建筑在园林中本身就是一景。皇家宫殿园林建筑，气势巍峨、金碧辉煌、在古典建筑中最具有代表性。为了适应园苑的宁静、幽雅气氛，园苑里的建筑结构要比皇城宫廷简洁，平面布置也比较灵活。但是，仍不失其豪华气势。

楼阁在造园中起着压住环抱，成为主景的作用。它多建在抱山衔水、景色清幽、视线开阔的地方。

园林里的轩常傍山临水而建，在平面布置上常常与院落景色连为一体。厅、馆、轩的体量都要比宫殿、楼阁小，布置灵活，常被作为景区或院落的主体建筑，成为这个景区或院落的构景中心。

在大型园林里，特别是皇家园林里的斋，如北京北海里的“养心斋”，不再单指一座斋房，除了它本身，还有许多厅、馆、堂、轩等建筑。这种情况下的斋，已是院落的一种名称。

在园林建筑景观中，无论是传统的古典园林，或是新建的公园及风景游览区，总是离不开亭。亭可以说是中国园林景观中最活跃的建筑元素。亭的形体一般小巧玲珑，四面敞开，通风透气，属于一种敞开式的小品建筑。亭的原意是停留的意思，在《园治》一书上记载：“亭者，停也，所以停憩游行也。”而当今的园亭，除了主要供游人纳凉、登临眺望、赏景的功能外，逐步发展成为特别讲究装饰，起点缀园景和建立景观作用的园林休闲建筑。

特别是它浓厚的民族风格和地方色彩，总容易引起游览者们的极大兴趣。古典园林的画意诗情，常常就出在这些好像微不足道的建筑小品上。

园林中的亭子多数都建在游览线上，或者山的次峰，水际岸边，竹荫深处。“谁家亭子碧山巅”，亭子给碧山增添了景色，又能诱发游人产生丰富的联想。竹荫深处环境幽雅恬静，是个话少情多的好地方。

南方亭和北方亭在风格、造型、色彩装饰上差别较大。风格上，南式亭俊秀、轻巧、活泼，一般体量较小，具南方之秀；北式亭雄浑、粗壮、端庄，一般体量较大，具北方之雄。

在造型上，南方亭轻盈，屋顶陡峭，屋面坡度较大，屋脊曲线弯曲，屋角起翘高，柱粗；北式亭持重，屋顶略陡，屋面坡度不大，屋脊曲线平缓，屋角起翘不高，柱细。

在色彩、装饰上南式亭色彩素雅，古朴，调和统一，装饰精巧，常用青瓦，不施彩画；北式亭色彩艳丽、浓烈，对比强，装饰华丽，用琉璃瓦，常施彩画。

南式亭，以苏杭的私家园林为最具代表性；北式亭，尤以北京的皇家园林最具代表性。

廊，最为壮观的是北京颐和园、北海公园等皇家园林里的廊。颐和园的彩绘长廊蜿蜒七百多米，计二百七十三间。它倚山面水，东起乐寿堂，西至清晏舫，把山前沿湖的排云殿、宝云阁、听鹂馆等七座主要建筑联结到一起，一面是苍翠的万寿山，一面是幽静的昆明湖，构成一条风光绮丽的游览线。从龙王庙隔水望去，它又似镶嵌在山水之间的一条花边彩带，越发显出皇家园林特有的雍华气概。若说廊的典雅别致，还数江南园林。南京莫愁湖的回抱曲廊，无锡碧山吟社的垂虹爬山廊，苏州拙政园的水廊，扬州寄啸山庄的双层复道廊，都称得上是至美至妙的佳作。

园林中的桥，可以联系风景点的水陆交通，组织游览线路，变换观赏视线，点缀水景，增加水面层次，兼有交通和艺术欣赏的双重作用。园桥在造园艺术上的价值，往往超过交通功能。

更为有趣的是古典园林里有水架桥，没有水也架桥，这叫旱地水作，目的在于创造一种意境。扬州个园秋山半腰用汉白玉架了两座跨步涧桥，形到意到，情趣盎然。

榭，一般临水而建，造园家主要利用它变化多端的形体和精巧细腻的建筑风格表现榭的美。它的作用主要是供人观赏水景，同时也可以造成景观。青山绿水之中有一座茅榭，就会给人一种幽趣风雅的意境。

舫，从一些园林舫的实例看，有的临岸贴水，像待人登临；有的伸入水中，似起锚待航。南京天王府西花园的画舫，远离岸边，自由自在于风浪之中，寓意深远。记得有这样一副对联："縠皱波纹迎客棹，问花寻柳到野亭"。这一副对联，既说明了画舫的作用，又饱含着一股娴静之情。

现代园林里的台，主要是供游人登临观景，除了通常的楼台，有的建在山岭，有的建在岸边，不同的地点有不同的景观效果。北京恭王府萃锦园里有一座高耸的湖石假山，山顶上置了一座台，名叫邀月台。"举杯邀明月，对影成三人"，造园家供用古诗的意境造台，此处可算达到了神形俱妙的程度。

栏杆既是分隔空间确保人身安全的重要设施，又是烘托景观的园林要素之一。其平凡又无所不在，不是景观的主角，但好的栏杆却能很好地烘托主景气氛，达到引人入胜的效果。因此好的园林一定少不了好的栏杆。

栏杆多处于邻边、邻坡、邻水及周边交界，直面行人。作为一种硬质景观，其质感、细部往往传达给人们强烈的"域感"、丰富的"空间感""时间感"，是静默、深沉的园林景观的极好陪衬，有丰富园景和活跃园林环境的作用。而良好的设计又需通过精良的施工才能成为一曲引人入胜的"伴奏"。

普通性质的栏杆多依附于建筑物，而园林中的栏杆则多为独立设施，并具有较好的防护功能。一般而言，防护功能的栏杆常设在园地环境的四周与城市道路结合的部位，具有明显范围界定的防护功能。低栏要防坐防踏，因此低栏的外形有时做成波浪形的，有时直杆朝上，只要造型好看，构造牢固，杆件之间的距离大些无妨，这样既省造价又易养护；中栏在须防钻的地方，净空不宜超过 14cm，在不须防钻的地方，构图的优美是关键，但这不适于有危险、临空的地方，尤要注意儿童的安全问题，中栏的上槛要考虑作为扶手。

高栏要防爬，因此下面不要有太多的横向杆件。如在小区里的园林设计时，周边总是要添加栏杆的，有些小区设计有游泳池、小河等，更应该设栏杆，因为小区里总会有些小孩子的。通常会在公园水体边缘、游人常达的地方布置栏杆，以保证游人安全；还有登山栈道的扶手栏杆、山顶瞭望平台的栏杆等都是用来作为防护的。所以栏杆在园林设计中是很重要的一部分。

隔空间的作用。在花园里，栏杆在绿地中起分隔、导向的作用，使绿地边界明确清晰，设计好的栏杆，很具装饰意义，就像衣服的花边一样，栏杆不是主要的园林景观构成，但是量大、长向的建筑小品对园林的造价和景色有不小影响，要仔细斟酌推敲才能落笔生辉。一般的低栏在 0.2 ~ 0.3m，中栏 0.8 ~ 0.9m，高栏 1.1 ~ 1.3m，要因地按需而择。随着社会的进步，人民的精神、物质水平提高，更需要的是造型优美，能用自然的、城市景观的效果设计空间的办法，达到分隔的目的，在宽阔的园林空间中可用栏杆分隔出各种活动范围，起到丰富空间的作用，以便于充分发挥园林每一个空间的功能，如广场绿地的栏杆就是用来作为界定，防止人进入的一种标志。

装饰性作用。栏杆是装饰性很强的园林小品之一。对于园林环境中的栏杆，美观实用是考虑的第一因素。它在满足空间分隔、防护等功能之外，还可点缀装饰园林环境，用于园林景观的需要，以其优美的造型来衬托环境，丰富园林景致。好的栏杆，做工细致，无论在整体造型上，还是其色泽上，均与周围环境协调，观赏性高，超越了其功能作用。

栏杆材料选择。选择栏杆材料应本着就地取材、耐用、适用、美观的原则，就地取材既能体现地方特色，又能减低造价，恰当地选择所需材料是栏杆设计的重要环节，选材应考虑与园林环境协调统一，又要考虑满足功能需求。如在人行道上及住宅小区多采用钢材制及铸铁材料，并采用丰富的装饰纹样，充分营造浓厚的工艺味道。在公园、庭院等较注重自然景观的地方，多采用石质、木质材料，在其形态上顺其自然，减少人工的痕迹，以便与环境融为一体。而随科技的发展，栏杆的材料选择越来越广泛，适用于园林栏杆的材料现有砖石，木材（尤其是自然带树皮的木材）、竹、钢筋混凝土、钢材、铸铁、玻璃、仿塑材料等。各种材料可单独制作，也可以混合使用，如石制柱墩、钢材制的横杆等。选材又与栏杆造型有关，设计粗重、壮实的栏杆，与轻巧、纤细的栏杆，在选择材料上各有讲究。

栏杆布置，栏杆位置的设置与其功能有关。一般而言，主要功能作为围护的栏杆常设在地形地貌变化之处，交通危险的地段，人流集散的分界，如崖边、岸边、桥梁、码头、台地、道路等的周围；用做分隔空间的栏杆，常设在活动分区的骤变，绿地周围等；而在花坛、草地、树池的周边，常设以装饰性很强的花边栏杆点缀环境，防止游人践踏，一般需与路边保持 200mm 左右的距离，不致影响游人的行进；用于无障碍通道、台阶起止点处的栏杆，应水平延伸 300mm 以上，当坡道侧面凌空时，在栏杆下端宜设置高度不少于 50mm 的安全挡台。

栏杆尺寸包括栏杆高度和栏杆长度。栏杆高度的确应以栏杆所在的环境条件为依据，因功能的需要而有所不同。栏杆的高度必须足够高，且为“净高”，要防止因地面材料做法加厚，造成栏杆安全高度实际降低的情况。在园林的草坪、花坛、树池等周边设置的镶边栏杆，其高度为 200 ~ 400mm，主要起到装饰环境的作用，也用于场地空间领域的划分；座凳栏杆兼有围护及就座休息功能，距地面高度一般为 900mm 左右（其中栏杆高度为 400 ~ 500mm，座椅面高度为 400 ~ 450mm）；作分隔空间用的栏杆，高度通常为 600 ~ 800mm，可随场所适量变化；作安全保护的围护栏杆，一般高度为 1000 ~ 1200mm，超过人的重心，以起到防护围挡的作用，行人也不易跨越，当有特殊要求时，栏杆的尺寸按设计要求确定。

三、园林建筑材料

（一）基础材料

1. 钢材

1）钢材的分类

按化学成分分为碳素钢和合金钢。

碳素钢除含铁和碳（小于 2%）外，还含有少量的硅、锰、磷、硫、氧和氮等，其中磷、硫、氧、氮等为有害杂质，对钢材产生不利影响。掺入一定比例的锰、硅、钒、钛等元素，为合金钢。现代航空工业、军工行业主要使用的是高科技的合金钢，它们具有质量轻、耐高温、耐腐蚀等优点。

2）钢材的力学性质和工艺性能

抗拉性能，表征抗拉性能的技术指标为屈服点（δ）抗拉强度和伸长率，屈服强度是设计的主要依据。

冷弯性能是指钢材在常温下承受弯曲变形的能力。同时钢材还具有冲击韧性、硬度、耐疲劳性、焊接性能等特性。

3）土木工程常用钢材

碳素结构钢，具体分为：Q195、Q215、Q235、Q255、Q275 五个等级牌号，随着牌号升序，其抗拉强度增大，但冷弯性及伸长率却下降。

建筑工程常用的碳素结构钢是 Q235 号钢。

低合金钢的优点：强度较高、具有良好的综合性能、易于加工及施工、耐高温、抗腐蚀。当低合金钢中铬含量达 11.5% 时，称为不锈钢。

型钢与钢板，型钢种类：角钢、工字钢、T 型钢、H 型钢、Z 型钢等。

钢板，包括彩钢板、镀锌板、压型钢板等。

4）钢筋

钢筋是土建工程中使用量最大的钢材，常用的有热轧钢筋、冷加工钢筋以及钢丝、钢绞线。

热轧钢筋分为Ⅰ、Ⅱ、Ⅲ、Ⅳ四个等级，代号为 HPB235、HRB335、HRB400 和 RRB400，图示符号为 ф（一级）、Φ（二级）、₵（三级）、Ф̲（四级）。Ⅰ级钢筋一般为光圆盘条，其余为带肋钢筋。

5）焊接材料

焊条材质分为碳素结构钢及低合金钢两种，根据等级不同，分为酸性型及碱性低氢型两种。另外还有铸铁焊条，氩弧焊条等。

6）钢材的防锈与防火

钢材防锈的常用方法是表面刷防锈漆。常用的底漆有红丹、环氧富锌漆、铁红环氧漆等；面漆有灰铅油、醇酸磁漆、酚醛磁漆等。亦可采用镀锌或涂塑。

裸露钢材耐火极限仅 15 分钟，在温度升到 500℃时，强度迅速降低至塌垮，常用的防火方法是刷防火涂料。

2. 水泥

水泥是一种良好的矿物胶凝材料，属水硬性胶凝材料。工程中最常用的是硅酸盐系水泥。

1）硅酸盐水泥（P·Ⅰ，P·Ⅱ）、普通硅酸盐水泥（P·O）的性质

硅酸盐水泥的技术性质：细度、凝结时间（水泥初凝时间不早于 45 分钟，终凝时间不得迟于 6.5 小时）、体积安定性、强度 [将硅酸盐水泥强度等级划分为 42.5、42.5R、52.5、52.5R、62.5、62.5R（R 为早强型）]、碱含量、水化热 。

2）硅酸盐水泥的应用：水泥强度等级较高，主要用于重要结构混凝土；凝结硬化快，抗冻性好，适用于冬期施工；抗软水侵蚀和抗化学腐蚀性差。

3. 混凝土材料

1）混凝土分类

按所使用的胶凝材料划分，分为水泥混凝土、沥青混凝土、聚合物混凝土等。

2）普通混凝土

普通混凝土由水泥、砂子、石子、水、外掺剂按一定比例混合搅拌而成的拌和物，其中砂、石子起骨架作用，称骨料。石子最大颗粒尺寸不得超过结构截面最小尺寸的 1/4，且不得超过钢筋最小间距的 3/4；对于实心板混凝土，骨料的最小粒径不应超过板厚的 1/3，且不得超过 40mm。

3）混凝土的性质：和易性、坍落度。影响和易性的因素为：水泥浆、稠度、砂率。

4）混凝土的强度

混凝土立方体抗压强，一般以边长为 150mm 的立方体试件，在标准养护条件（20±3℃，湿度 >90%）下，养护 28 天，测定其抗压强度值，等级符号“C”，如 C20 表示混凝土抗压强度设计值为 20MPa。钢筋混凝土结构强度等级不应低于 C20。一般分为 C10、C15、C20、C25、C30、C35、C40、C45、C50、C60 等。

混凝土抗拉强度，只有抗压强度的 1/10 ~ 1/20。

5）影响混凝土强度的因素：骨料、水灰比、水泥强度等级、养护、龄期。混凝土配合比一般由试验室设计并通过试验确定。

6）混凝土外加剂一般有减水剂、早强剂、引气剂、缓凝剂。

7）特种混凝土有轻骨料混凝土、防水混凝土、高强混凝土、碾压混凝土。其中防水混

凝土抗渗等级有 P_4、P_6、P_8、P_{10}、P_{12} 五个等级。

防水混凝土的水泥用量不得少于 320kg/m^3，水泥标号不低于 42.5，水灰比不得大于 0.55。

4. 石灰与石膏

石灰是土建工程中使用较早的矿物胶凝材料，生石灰（CaO）加水消解为熟石灰（$CaOH_2$），称为石灰的“熟化”。石灰和石膏属气硬性材料，不宜在潮湿环境下使用。石灰主要用于制作砂浆抹面、砌筑、拌制灰土等。

石膏主要原料为天然二水石膏，塑性好、防火性好、但耐水性和抗冻性差。

5. 砖与石

1）烧结普通砖，包括粘土砖、页岩砖、煤矸石砖、粉煤灰砖等，其标准尺寸为 240mm × 115mm × 53mm。其强度等级分为 Mu30、Mu25、Mu20、Mu15、Mu10 五个等级。1m^3 的砖砌体大约需要 512 块砖。

2）其他类型的砌块还有蒸养砖、混凝土空心砌块、陶粒砌块等。

6. 天然石材

1）天然石材分类，按地质分类法可分为岩浆岩（火成岩），如花岗岩；沉积岩（水成岩）和变质岩，如大理石三大类。

2）天然石材的性质，主要有表观密度、抗压强度、耐水性、吸水性和抗冻性。用于室内外各种装饰制品，大理石易风化，不能用于室外工程。

7. 木材

1）木材的特点：木材具有轻质高强、纹理美观、弹性好、导热低、绝缘性好、易于加工等优点，但也有构造不均匀、湿胀干缩大、耐火性差、易腐朽、虫蛀。再加上环境保护的要求，木材的使用越来越少。

2）木材的力学性质：抗拉强度：顺纹最大，横纹最小；抗压强度：顺纹大，横纹小；抗剪强度：顺纹最小，横纹最大；抗弯强度：抗弯性好，上方位顺纹抗压，下方为顺纹抗拉。

3）木材的使用，主要用于建筑装饰用的各种板材。如胶合板、纤维板、胶合夹心板等，园林建筑主要用于仿古建筑、园林小品。

8. 防水材料

主要有聚合物改性沥青防水卷材和防水涂料，其中防水卷材包括 SBS 改性沥青防水卷材、APP 改性沥青防水卷材、PVC 改性焦油沥青防水卷材、再生胶改性沥青防水卷材。一般用热熔法、冷粘法、自粘法施工。另外还有合成高分子防水卷材，包括三元乙丙、聚氯乙烯、聚氯乙烯 - 橡胶共混性防水卷材等。

防水涂料，主要有沥青基防水涂料、聚合物改性沥青防水涂料、合成高分子防水涂料、水泥基防水涂料等。主要用于地下室、水池、卫生间等。

9. 装饰材料，天然饰面材料

大理石板、花岗岩板材；人造饰面材料：水磨石板、合成石面板；饰面陶瓷材料：釉面砖、通体砖、陶瓷锦砖；其他饰面材料：石膏板、壁纸、塑料卷材、金属板；建筑玻璃：平板玻璃（磨砂玻璃、压花玻璃、彩色玻璃）、安全玻璃（钢化玻璃、夹丝玻璃、夹层玻璃）、其他玻璃（热反射玻璃、吸热玻璃、中空玻璃等）。

10. 装饰涂料，外墙涂料

要具有良好的装饰性、耐水性、耐火性、耐污染性和易施工维修；内墙涂料：要色彩细腻调和，耐碱性，透气性好，易于施工。

（二）基础技术

1. 土方工程

园林建筑常见的土方工程有：场地整平、基坑（槽）与管沟开挖、路基开挖、地坪填土、路基填筑以及基坑回填等。

1.1 土方开挖技术要点

1）挖方的边坡坡度，应根据土的种类、工程地质、水文地质情况确定。深度在 5m 以内且无地下水时，基坑边坡坡度按下表采用。

基坑边坡坡度表　　表 2–1

土的类别	边坡坡度		
	人工挖土	机械在坑底挖土	机械在坑边挖土
砂土	1 ∶ 1.00	1 ∶ 0.75	1 ∶ 1.00
亚砂土	1 ∶ 0.67	1 ∶ 0.50	1 ∶ 0.75
亚黏土	1 ∶ 0.50	1 ∶ 0.33	1 ∶ 0.75
黏土	1 ∶ 0.33	1 ∶ 0.25	1 ∶ 0.67
干黄土	1 ∶ 0.25	1 ∶ 0.1	1 ∶ 0.33

2）土方宜从上至下，分层分段依次开挖，并同时做成一定坡势，以利排水，对于需要使用较久的土质边坡，应及时采用喷浆、抹面等护面措施。

3）土方开挖前，必须查清地下管线等设备，并采取妥善的保护方案。

4）如遇地下水，则应采取降水措施，水位降至基底以下 50cm，一般采用明排和井点降水方式。

1.2 土方开挖的质量控制

1）基坑严禁超挖，机械挖土时，基底应留不小于 200mm 厚余土，人工清理。

2）基底不得扰动、水浸或受冻。

3）基底土质应符合设计要求，并请有关各方进行验槽，做好钎探记录，整理好验槽记录和报验资料。

1.3 土方回填与压实质量控制

1）填方宜采用同类土，如采用不同类土，则下层宜填筑透水性较大，上层宜填筑透水性较小的填料，以免形成水囊。

2）基坑（槽）回填前，应清除沟槽内积水和有机物。

3）回填土含水量应适中，土内无不符合要求的杂质，有密实度要求的回填土，要由试验室出具最佳密实度和最佳含水率试验报告。

4）回填土分层夯实，并采用合理的压实机械（具），一般层厚不大于25cm，并对管线和基础采用保护措施。

5）回填土应按规范要求，分层取样做密实度试验，合格后方可进行下道工序，整理好各种质量验收资料。

2. 基础工程

基础工程包括桩基础、基坑围护、地基处理，园林工程建筑相对简单，主要有以下几种常见形式：

2.1 灰土地基的质量控制

灰土地基一般采用二八或三七灰土，灰土要搅拌均匀，含水量适中。

灰土垫层应分层夯实，分层虚铺厚度符合要求，分段铺设时，应留置台阶，灰土垫层应表面平整，密实度符合设计要求。冬、雨季不宜做灰土工程，否则应采取相应技术措施。

2.2 砖基础质量控制

砖基础应采用强度不低于Mu7.5的砖，砂浆强度等级不低于M10。砖基础由墙基和大放脚组成，大放脚有等高式（两皮一收）和间隔式（两皮、一皮间隔收）每一种退台宽度均为1/4砖。

砌筑前应清理基底，测量放线，弹出中心线和大放脚边线，并排砖撂底，砌筑时一般采用“一丁一顺”的砌法，上下错缝，基础最下和最上一皮砖宜采用丁砌法。

砌筑时，灰缝砂浆要饱满，严禁冲浆灌缝。夏季施工时，砌前应浸砖。基础中预留洞及预埋管应位置准确，安放牢固。基础顶面应设防潮层，防潮层一般为20mm厚的1：2.5 ~ 1：3.0防水砂浆。

2.3 混凝土基础质量控制

基坑内积水、淤泥、垃圾等杂物清理干净，局部软弱土层用灰土或沙砾分层回填夯实。浇筑台阶或基础应按台阶一次浇筑完成，锥形斜坡表面应修正、拍平、拍实。

混凝土应充分振捣密实，并及时洒水养护。

2.4 扩大基础，主要指钢筋混凝土独立基础和墙下条形基础。大型土建还有箱形基础、筏板基础等，在此不再赘述。

3. 钢筋混凝土工程

3.1 钢筋工程

1）钢筋进场应有出厂质量证明书或试验报告，每捆钢筋应有标牌，并分批验收堆放。

2）钢筋外观检查：热轧钢筋表面不得有裂缝、结疤和折叠。冷拉钢筋表面不允许有裂纹和缩颈现象；钢绞线表面不得有折断、横裂和相互交叉的钢丝，表面无润滑剂、油渍和严重锈斑。

3）钢筋进场后，按规定的频率要做力学试验进行复试，并按规定做见证实验。

4）钢筋加工，一般包括冷拉、调直、除锈、剪切、弯曲、绑扎、焊接等工序。钢筋冷拉既可以提高钢筋的强度，又完成了调直、除锈工作，但Ⅰ级钢筋冷拉率不宜大于4%，其他级钢筋冷拉率不宜大于1%。

5）钢筋的弯钩和弯折应符合下列规定：HPB235 级钢筋末端应做 180º 弯钩，其弯弧内直径不应小于钢筋直径的 2.5 倍，弯钩的弯后平直部分长度不应小于钢筋直径的 3 倍；当设计要求钢筋末端做 135º 弯钩时，HRB335 级、HRB400 级钢筋的弯弧内直径不应小于钢筋直径的 4 倍，弯钩的弯后平直部分长度符合设计要求。

钢筋作不大于 90º 的弯折时，弯折处弧内直径不应小于钢筋直径的 5 倍。

除焊接封闭式箍筋外，箍筋的末端应做弯钩，弯钩形式应符合设计要求；当设计无要求时，应符合下列规定：箍筋弯钩的弯弧内直径除满足受力钢筋的弯钩和弯弧的有关规定外，尚应不小于受力钢筋的直径。箍筋弯钩的弯折角度，对一般结构，不应小于 90º，对有抗震要求的结构，应为 135º；箍筋弯后平直部分长度一般不小于箍筋直径的 5 倍，对有抗震要求的结构，不应小于箍筋直径的 10 倍。

钢筋加工的尺寸应符合设计要求，其偏差满足相关规范规定。

6）钢筋连接，常用焊接方法有：闪光对焊、电弧焊、电阻电焊、电渣压力焊、埋弧压力焊、气压焊等。

当风力超过 4 级时，应有挡风措施，当环境温度低于 –20℃时，不得进行焊接。

绑扎连接，同一钩件中相邻纵向受力钢筋的绑扎搭接街头宜相互错开，搭接长度依设计，无设计规定时，不小于 40d。

钢筋绑扎搭接接头连接区段长度为 1.3L（L 为搭接长度），凡在同一连接区段内纵向受拉钢筋搭接接头面积百分率应符合设计要求，当设计无要求时，应符合下列规定：对梁、板及墙类构件，不宜大于 25%；对于柱类构件，不宜大于 50%。

在梁、柱类构件的纵向受力筋搭接长度内，应按设计要求配置箍筋，当设计无具体要求时，应符合下列规定：受拉搭接区段的箍筋间距不应大于搭接钢筋较小直径的 5 倍，且不应大于 100mm；

受压搭接区段的箍筋间距不应大于搭接较小直径的 10 倍，且不应小于 200mm；

当柱中纵向受力钢筋直径大于 25mm 时，应在搭接街头两端外 100mm 范围内各设置两个箍筋，其间距为 50mm。

机械连接，主要有挤压连接、锥螺纹连接，现在大规格钢筋用得较多（ϕ16~ϕ40 的螺纹钢）。

7）钢筋安装

钢筋安装时，配置的钢筋级别、直径、根数和间距应符合设计图纸的要求。钢筋保护层的垫层应满足规范和设计要求。

当构件配置双层钢筋网片时，上下层间应设支托，避免踩压变形。绑扎和焊接的钢筋网和钢筋骨架，不得有变形、松脱和开焊，钢筋位置的允许偏差应符合规范的规定。保护层厚度的合格率应达到 90% 以上，且偏差不得超过规范规定数值得 1.5 倍。

3.2 模板工程

模板结构由模板和支架两部分组成。尽管模板结构属于临时结构物，但它对施工质量和工程成本影响很大。模板作为分项工程进行验收。

1）模板的支设，模板要保证结构和构件各部分的形状、尺寸和互相间位置的正确性。

2）模板要有足够的刚度、强度和稳定度，能可靠地承受混凝土压力和施工荷载。

3）模板要装拆方便，多次周转。模板接缝严密，不得漏浆、变形。

4）模板安装，模板内面应清理干净，并刷隔离剂，但不得影响结构性能和妨碍装饰工程。

5）在混凝土浇筑前，木模板应浇水湿润，但模板内不得有积水和杂质。

6）长度大于 4m 的钢筋混凝土梁、板，其模板应按设计要求起拱，当设计无具体要求时，起拱高度为跨度的 1/1000 ~ 3/1000。

3.3 混凝土工程

混凝土是钢筋混凝土工程中重要组成部分，混凝土工程施工过程有混凝土制备、运输、浇筑和养护等。

1）混凝土的制备，市区施工的混凝土，一般使用商品混凝土、商品混凝土厂家应有相应资质，并能提供材料出厂合格证明等资料。

现场使用的混凝土，要对水泥进行强度、安全性和凝结时间复试，超过出厂 3 个月或对质量有怀疑时，应进行复试。

钢筋混凝土、预应力混凝土结构中，严禁使用含氯化物的水泥。

现场搅拌混凝土，搅拌机分自落式和强制式两大类。混凝土材料应计量准确，拌制均匀，搅拌时间不少于 90 秒。

2）混凝土的浇筑，混凝土浇筑前，模板工程必须验收合格，各种预埋件位置准确。混凝土自由下落高度不宜超过 2m，不宜在雨、雪天气中浇筑。

混凝土应分层浇筑，分层振捣密实。

混凝土必须在初凝前浇筑完成，由于客观原因不能连续浇筑，中间间隙时间超过混凝土的初凝时间，则应留施工缝，施工缝应留置在结构受剪力较小且便于施工的部位。

施工缝在重新浇筑前，应做凿毛处理，并冲洗干净。

混凝土抗压强度达到 1.2N/mm^2 时，方可在上面作业。

3）混凝土养护，标准养护：温度为 20 ± 3℃，相对湿度 >90% 的潮湿环境或水中进行。

自然养护：在自然条件下（>5℃）的养护，分洒水养护和喷膜养护两种。养护应在浇筑完毕后 12h 以内进行，当日平均气温低于 5℃时，不得浇水。

一般混凝土养护时间不少于 7 天，对掺用缓凝剂或有抗渗要求的混凝土，不得少于 14 天。

4）混凝土强度

混凝土试件的制取，每拌制 100 盘且不超过 100m^3 的同配比混凝土，取样不得少于 1 次。

每次取样应至少留置一组标准养护试件，同条件养护试件（600℃ /d）的留置组数，可根据实际需要确定。

混凝土强度评定，取 3 个试件强度的平均值，当 3 个试件强度中的最大值或最小值与中间值之差不超过中间值的15%时，取中间值；当3个试件强度中的最大值和最小值与中间值超过中间值的15%时，该组试件作废。

混凝土强度的评定，当试件大于10组时，采用数理统计的方法，不足10组时，采用平均的方法。

结构验收时，应检测钢筋保护层厚度和回弹混凝土强度。

4. 砌体工程

砌筑工程是指普通黏土砖、空心砖、硅酸盐类砖、石块和各种砌块的砌筑。

4.1 砖砌体工程

1）砖的品种、强度等级必须符合设计要求，并有产品合格证和性能检测报告，用于承重结构的砖，进场后应进行复验并做见证取样试验。

2）砌筑蒸压灰砂砖、粉煤灰砖的产品龄期不得少于28d。

3）冻胀、潮湿、水池、化粪池等不得采用多孔砖，清水墙要求优等的品种。

4）砌体的日砌筑高度一般不宜超过1.8m，雨天不宜超过1.2m。

5）在墙上留置临时施工洞口，其侧边离交接处墙面不应小于500mm，洞口净宽不应超过1m。

6）在墙体设置的施工脚手眼，应遵循规范的规定，脚手眼补砌时，灰缝应填满砂浆，不得用干砖填塞。

7）设计要求的洞口、管道、沟槽应于砌筑时正确预留，不得剔凿墙体和在墙体上水平开槽，宽度超过300mm的洞口上部，应设置过梁。

8）砌体工程检验批验收时，其主控项目应全部符合规范规定，一般项目应有80%以上的抽检处符合规范规定，其偏差值在允偏差范围内。

4.2 砌筑砂浆

1）砌筑砂浆的水泥应为合格品，并进行进场复试（承重构件）。

2）砂浆中的砂用中粗砂、含泥量不应超过5%（>M5）和10%（<M5）。

3）配制混合砂浆，石灰应充分熟化，砌筑砂浆应通过试配确定配合比。

4）砂浆的强度等级必须符合设计要求，砌筑砂浆的强度等级一般采用M15、M10、M7.5、M5、M2.5。

5）水泥砂浆中水泥用量不应小于200kg/m^3，混合砂浆不得用于地下潮湿环境中的砌体工程。

6）砂浆要拌和均匀，一般应采用机械搅拌。水泥砂浆应随拌随用，一般应在3h内用完。

7）砂浆强度应以标准养护，龄期28d的试件抗压试验结果为准。每一检验批且不超过250m^{3}的砌体的砌筑砂浆，每台搅拌机应至少制作一组试块。

4.3 砌筑工艺

1）砌砖工艺的流程：抄平放线→排砖撂底→立皮数杆→盘角、挂线→砌筑→勾缝、清理→养护。

2）砌筑一般采用铺浆法和“三一”砌筑法。夏季施工砌砖禁止干砖上墙。

3）砌体的水平灰缝应平直，竖向灰缝应垂直对齐，不得游丁走缝。

4）砂浆饱满，砌体水平灰缝的砂浆饱满度要达到80%以上，灰缝厚度规定为10±2mm，砂浆和易性好，砖湿润得当。

5）砖块的排列方式应内外搭接、上下错缝，错缝长度不应小于1/4砖长。

6）接槎可靠，斜槎长度不应小于高度的2/3，留斜槎困难时，可留直槎，但应设拉结筋，沿墙高每500mm一层两根。

4.4 砌石工程

1）砌筑毛石基础

所用毛石应质地坚硬，无裂纹、无风化剥落，水泥砂浆用M2.5 ~ M5级，灰缝厚度一般为20 ~ 30mm，不宜采用混合砂浆。

2）毛石砌筑前，应将表面泥土杂质清除干净，以利于砂浆与块石黏结。

3）铺第一皮毛石时，基底如为素土，可不铺砂浆，基底如为各种垫层，应先铺4cm左右的砂浆，然后校正毛石大面向下放平稳。

4）砌筑时要双面挂线，以控制宽度和高度，上下皮毛石错缝100mm以上，毛石之间犬牙交错，尽可能缩小缝隙，毛石间空隙先灌砂浆，再用小石块填充。

5）按规定设置拉结石，拉结石长度应超过墙厚的2/3，每隔1m砌入块，并上下呈梅花状。

4.5 砌筑石墙

1）砌筑石墙时，应选择较好的面朝外，每砌一层要找平一层，最终做到墙顶平齐，墙角方整，砂浆压顶。

2）石墙每天砌筑高度不应超过1.2m，分段砌筑时所留踏步槎高度不超过一步架。

3）石墙灰缝应用1∶1水泥砂浆统一勾缝，勾缝前应浇水润湿，所勾石缝尽量保持石墙的自然缝。

4）古建中的石墙常采用虎皮石，缝隙用调色的泥鳅背勾抹。

4.6 配筋砌体工程

1）用于砌体工程的钢筋品种、强度等级必须符合设计要求，并有产品合格证、性能检测报告、进场后进行复验。

2）设置在易腐蚀环境中的灰缝内钢筋应采用防腐措施。

3）砖砌体的砂浆强度等级不应低于M5，构造柱的混凝土强度等级不宜低于C20。

4）构造柱截面尺寸不宜小于240mm×240mm，中柱钢筋不宜少于4Φ12，边柱钢筋不宜少于4Φ14。

5）构造柱竖向受力钢筋不宜大于16mm，其箍筋一般采用Φ6，楼层上下500mm为100mm间距，其他为200mm间距。

6）砌体灰缝内钢筋应居中设于灰缝中，砂浆保护层厚度不应小于15mm，钢筋搭接长度不应小于55mm。

7）砌体与构造柱、芯柱的连接处应设 2Φ6 拉结筋，间距沿墙高不超过 500mm，埋入墙内长度每边不宜小于 600mm，对抗震设防地区不宜小于 1mm，钢筋末端应有 90° 弯钩。

8）构造柱浇筑混凝土前，应将模板内杂质清理干净，并浇水湿润。

9）构造柱纵筋应穿过圈梁，保证纵筋上下贯通，墙体与构造柱连接处应砌成马牙槎，从每层柱脚起，先退后进，马牙槎高度应大于 300mm，应先砌墙后浇柱。

10）砖砌体的转角处和交接处应同时砌筑，严禁无可靠措施的内外墙分砌施工。

11）填充墙应和框架柱间设拉结筋，当墙高和墙长越过规定时，应设构造柱和腰梁，墙顶和楼板或梁底可靠连接。

5. 装饰工程

5.1 抹灰工程

一般抹灰分为普通抹灰、中级抹灰、高级抹灰三个等级，不同等级有不同的质量要求，所采用的施工方法也不同。

1）抹灰前基层表面的尘土、污垢、油渍等应清除干净，并应洒水润湿，混凝土表面、陶粒砖表面等应做凿毛处理。

2）普通抹灰常用砂浆有：水泥砂浆、混合砂浆、石灰砂浆、石膏灰、纸筋灰、聚合物水泥砂浆。

3）抹灰应分层进行，墙面应先湿润，然后冲筋贴灰饼，每层厚度不大于 10mm，第一层初凝后再抹第二层。

4）当抹灰总厚度大于或等于 35mm 时，应采取加强措施；不同材料基体交接处表面的抹灰，应采取防止开裂的措施，当采用加强网时，加强网与各基体的搭接宽度不应小于 100mm。

5）抹灰层与基层之间及各抹灰层之间必须黏结牢固，抹灰应无脱层、空鼓，面层应无爆灰和裂缝。

6）普通抹灰应达到表面光滑、洁净，接槎平整，分格缝清晰；护角、孔洞、槽、盒周围的抹灰表面应整齐、光滑。

7）水泥砂浆不得抹在石灰砂浆层上，罩面石膏灰不得抹在水泥砂浆层上。

8）抹灰分格缝位置正确，宽度和深度均匀，表面光滑，棱角应整齐；有排水要求的做滴水槽，槽线应整齐顺直，宽、深度不应小于 10mm。

9）清水砌体勾缝应无漏勾，勾缝材料应黏结牢固，无开裂。

10）勾缝应横平竖直，交接处应平顺，宽度和深度应均匀，表面应压实抹平。

5.2 装饰抹灰

装饰抹灰分水刷石、斩假石、干粘石、假面砖等。

1）水刷石表面应石粒清晰，分布均匀，紧密平整，色泽一致。

2）斩假石表面剁纹应顺直，深浅一致，应无漏剁处，阳角处应横剁，并留出宽窄一致的不剁边，棱角应无损坏。

3）干粘石表面应色泽一致、不露浆、不漏粘、石粘应黏结牢固，分布均匀，阳角处无明显黑边。

4）面砖表面应平整、沟纹清晰，留缝整齐，色泽一致，应无掉角、脱皮、起砂等缺陷。

5.3 瓷砖、面砖工程

1）瓷砖、面砖面层的表面应洁净，图案清晰，色泽一致，接缝平整，深浅一致，周边顺直，板块无裂纹、掉角和缺楞等缺陷，边角整齐、光滑。

2）面砖镶贴前应进行基层处理，提前浇水湿润，基底应有足够的稳定度和刚度。

3）弹线、排砖，先弹出水平控制线和竖直控制线，确定砖缝和分格缝，大面处应全部为整砖。饰面砖在墙面的排列有“直缝”和“错缝”两种。

4）浸砖，将挑好的砖在铺贴前在水中充分浸泡，浸水后的瓷砖片应阴干备用。

5）铺贴，外墙面铺贴应自下至上分层分段进行，先贴附墙柱面，后贴大墙面，再贴窗间墙。

6）女儿墙、窗台、腰线等部分平面贴砖时，除流水坡度符合设计要求外，应采取顶面砖压立面砖的做法；同时立面中最底一排砖必须压底平面砖。

7）地面砖、石材铺贴完后，应进行成品保护。

8）砖、石材贴完后，统一勾缝，缝隙应均匀一致，并将面上的污浆清理干净。

9）面砖应与基层结合牢固，无空鼓、开裂、脱落现象。

5.4 涂饰、油漆工程

1）涂饰工程分水性涂料和溶剂型涂料

①新建筑物的混凝土或抹灰基层在涂饰涂料前应涂刷抗碱封闭底漆。

②基层涂刷溶剂型涂料时，含水率不得大于 8%，涂刷乳液型涂料时，含水率不得大于 10%，木材基层含水率不得大于 12%。

③基层泥子应平整、坚实、牢固、无粉化、起皮和裂缝。

④厨房、卫生间墙面必须使用耐水泥子。

⑤水性涂料涂饰工程施工的环境温度应在 5 ～ 35℃。

⑥涂料涂饰工程的颜色、图案符合要求，涂饰应均匀，粘接牢固，不得漏涂、透底、起皮和掉粉。

2）油漆工程，木基层混色油漆施工，属于传统的油漆施工，它作为普通与中级油漆施工，在建筑装饰中仍大量采用。

①油漆施工环境应通风良好，湿作业已完并具备一定强度，环境比较干燥。

②大面积施工前，应先做样本间，经有关部门鉴定合格后，方可大面积施工。

③施工前，应对木制品进行外形检查，应无变形，木制品含水率不大于 12%。

④木制品基底必须使用泥子打磨平整光洁，一般刷三遍油漆。刷末道油漆前，必须将玻璃全部安装好。

⑤其他类油漆施工，包括混色磁漆、清漆、硝基清漆、丙烯酸清漆、木油等。

以上油饰工程要求施工环境温度不宜低于 10℃，相对湿度不宜大于 60%。

6. 防水工程

6.1 防水材料及等级

1）按防水材料分：卷材防水、涂膜防水、密封材料防水、混凝土防水、憎水材料防水和渗透剂防水。

2）防水等级，防水等级主要根据建筑物性质、重要程度、使用功能、建筑结构特点和防水耐用年限确定。

根据国家标准《屋面工程质量验收规范》（GB 50207—2012），分为 5 年、10 年、15 年、25 年四种不同等级的防水设计和施工要求。

3）防水工程保修期一般为 5 年。

6.2 卷材防水工程

1）上道工序防水基层已经完工，并通过验收，地下结构基层表面应平整、牢固，不得有起砂、空鼓等缺陷。基层表面应洁净干燥、含水不应大于 9%。

2）铺贴卷材严禁在雨天、雪天施工；5 级风及其以上时不得施工；冷粘法施工气温不宜低于 5℃，热熔法施工气温不宜低于 –10℃。

3）基层处理剂应与卷材及胶粘剂的材性相容，基层处理剂可采取喷涂法或涂刷法施工，喷、涂应均匀一致、不透底，待表面干燥后，方可铺贴卷材。

4）冷粘法铺贴卷材

冷粘法施工适用于铺贴合成高分子卷材。冷粘法铺贴卷材应符合下列规定：胶粘剂涂刷应均匀，不露底，不堆积；铺贴卷材时应控制胶粘剂涂刷与卷材铺贴的间隔时间，排除卷材下面的空气，并辊压黏结牢固，不得有空鼓；接缝口应用密封材料封严，其宽度不应小于 10mm ；铺贴卷材应平整、顺直，搭接尺寸正确，不得有扭曲、皱折；铺贴立面卷材防水层时，应采取防止卷材下滑的措施；在立面与平面的转角处，卷材的接缝应留在平面上，距立面不应小于 600mm；两幅卷材短边和长边的搭接宽度均不应小于 100mm，采用多层卷材时，上下两层和相邻两幅卷材的接缝应错开 1/3 幅宽，且两层卷材不得相互垂直铺贴。

5）热熔法铺贴卷材

热熔法施工适用于铺贴高聚物改性沥青卷材。热熔法铺贴卷材应符合下列规定：火焰加热器加热卷材应均匀，不得过分加热或烧穿卷材；厚度小于 3mm 的高聚物改性沥青防水卷材，严禁采用热熔法施工；卷材表面热熔后应立即滚铺卷材，排除卷材下面的空气，并辊压黏结牢固，不得有空鼓、皱折；滚铺卷材时接缝部位必须溢出沥青热熔胶，并应随即刮封接口使接缝粘接严密。

6）屋面防水

屋面防水大部分采用卷材防水，少量等级低的防水采用涂膜防水或其他防水混合使用。卷材防水的铺贴方法一般采用满粘法、条粘法和空铺法进行铺贴，铺贴时基层必须洁净和干燥。

铺贴方向，当屋面坡度小于 3% 时，宜平行于屋脊铺贴；当屋面坡度在 3% ~ 15% 时，卷材既可平行或垂直于屋脊铺贴；当坡度大于 15% 或受震动时，沥青油毡应垂直于屋脊方向，其他材料不受限制；当屋面坡度大于25%时，一般不宜使用卷材防水，必须使用时，则应采取加固措施，防止下滑。

采用多层卷材叠铺时，上下卷材不得相互垂直铺贴。铺贴顺序，应按排水口、檐口、天沟等屋面最低处向上铺贴至屋脊最高处铺贴。特殊部位的铺贴，应先铺附加卷材或做附加增强处理，然后才铺贴防水层。

防水卷材层不得有渗漏、积水现象。

卷材防水层及其收头处、转角处、变形缝、穿墙管道等细部构造必须符合设计构造要求。卷材防水层的基层应牢固，表面应洁净、平整，不得有空鼓、松动起砂和脱皮现象。基层阴阳角处应做成圆弧形。

6.3 涂膜防水工程

卫生间、淋浴间等部位的防水方法应采用涂膜防水和刚性防水砂浆防水层，或者为两者复合防水层。由于防水涂膜的延伸性好，基本能适应基层变形的需要。

涂膜防水材料，可以用合成高分子防水涂料和高聚物改性沥青防水涂料。

防水层必须在管道安装完毕，管道四周填堵密实后，做地面工程施工前进行。

防水层下面要做找平层，防水层基底必须干燥，方可进行防水涂料施工。

防水涂料厚度必须满足设计要求，必须上翻墙面至地面距离150mm，淋浴间上翻墙面1800mm。

防水层施工时，现场要封闭，不得踩踏，注意成品保护，防水层凝固后及时施工保护层。

防水层施工完成后要做一次和二次闭水实验，不渗不漏为合格。

第七节　园林中的山石

一、园林山石的分类

以石喻人、以石寄情是人们表达情感的特殊方式，人类钟爱山石具有很长的历史渊源，这不仅因为人类发展史上经历过一段石器时代，还因为大自然山石造型的传神趣味，有独特的魅力，在自然的山水中，有人的意志、意境所在，所谓“片山有致，寸石生情。”

中国古典园林，概括自然，寄情山水，假山堆石，体现意境。

古典园林中的假山与堆石，是指以土石堆叠的山景造型，除了自然山水园林有真山的条件之外，一般城市园林是以假山来仿造真山的形貌和意境，假山又分为土假山，土石假山，全石假山。

（一）园林山石的分类

1. 按材料划分为土假山、石假山、石土混合假山。

2. 按施工方式可分为筑山、掇山、凿山和塑山。

3. 按假山在园林中的位置和用途可分为园山、庭山、池山、楼山、阁山、壁山、厅山、书房山、兽山、内室山、峭壁山等多种形式。

假山种类的划分是相对的，在实际工作中经常是复合式的。

全土假山的优点是：草木可以在其上自然生长，更加符合自然山林之中山的形象。石假山要再现自然中的悬崖、沟壑、挑梁、绝壁、石洞等地形崎岖变化，体现透、瘦、皱、清、丑、顽、拙山石特点。

堆石是指独置的石景，其造型透出中国古典园林的神韵，是缩地景点，渲染园林中山野情趣的重要手段。

（二）园林山石材料种类

1. 素土堆假山的素土主要有壤土、黏土、植物种植土等。素土假山一般坡度较缓，主要用于微地形的塑造。坡脚如果加入石头，可以节约土地，形成较大型的假山。

2. 人工仿石假山，主要用水泥、灰泥、混凝土、玻璃钢、有机树脂、GRC（低碱度玻璃纤维水泥）作材料，进行“塑石”，投资少，见效快，山石形状易于加工制作。

3. 山石园林中用于堆山、置石的山石种类常见的有如下几种：

（1）太湖石：产于太湖洞庭西山。是一种石灰岩的石块，有大小不同、变化丰富的窝和洞，易于体现山石的“瘦、透、露”等特点。

（2）英石：产于广东英德。灰黑色，石形轮廓多转角，外观线条较硬朗。

（3）房山石：产于北京房山。色土红、土黄、日久变灰黑，多小孔穴而无大洞。外观浑厚，沉实，部分纹理清晰，北方园林常用的山石，给人浑厚沉稳的感觉。

（4）宣石：产于宁国市。白色矿物成分覆于灰色石上，似冬日积雪。

（5）黄石：产于苏州、常州、镇江等地，是带橙黄颜色的细砂岩。石形体顽夯，棱角分明，节理面近乎垂直，显得方正，具雄浑之势，平整大方，块钝而棱锐，具有强烈的光影效果。用黄石叠山，粗犷而富野趣。

（6）青石：青灰色细砂岩。产于北京西郊。石呈片状，有交叉斜纹。

（7）石笋；形长而如竹笋类的山石总称。

（8）黄蜡石；色黄，表面圆润光滑有蜡质感。石形圆浑如大卵石状。

二、假山石在园林的应用

（一）分割空间

园林艺术与摄影和戏剧相比有一个重要的特征即空间性，园林空间是有限的，中国古典园林分割空间的原则隔而不断，为了使园林表达美而更有层次，更有韵味，更含蓄，无论是什么样的地形上建造的园林都要有不同的景区。江南园林中讲究“水必曲，园必隔”，尤其是在小园，常常用花木、廊，还有假山来阻挡游人的视线，给人一种山重水复疑无路，柳暗花明又一村的感觉。

（二）再现真实山水

中国古典园林以自然写意山水园的独特风格著称于世。山是中国古典园林的骨架，是园景营造的重点。所以古典园林中最重要的景就是“山景”。自然界奇峰叠岫、崇山深壑，高逾万仞、绵延千里，自然不可能真的搬到园子中来。中国古代造园家就取法山水画“咫尺万里”的写意手段，堆山叠石，摹写山川，对空间进行自由的收缩。“造园家利用不同形式、色彩、纹理、质感的天然石，在园林中塑造成具有峰、岩、壑、洞和风格各异的假山，唤起人们对崇山峻岭的联想，使人们仿佛置身于大自然的群山之中”，应目会心，神游山川。所以，叠石为假山就成为古代园林中最具特色和最富表现力的园景形象。

（三）表现主题

要表现园林的美，还必须设定一个主题，有个性的山石溪泉才会增强空间的感染力，著名的留园三峰（冠云、岫云、瑞云）冠云峰居中，瑞云峰、岫云峰屏立左右。冠云峰高6.5m，玲珑剔透，相传为宋代花石纲遗物，系江南园林中最高大的一块湖石。苏州园林中的假山都用太湖石垒砌而成，经历代能工巧匠的智慧和双手，使苏州园林中的假山也各具特色风采，“春山淡冶而如笑，夏山苍翠而如滴，秋山明净而如妆，冬山惨淡而如睡”，犹如三山五岳，百洞千壑；远近风物，咫尺千里。隐隐然有移天缩地之意，幽幽然得山水之真谛。论假山当属苏州狮子林的最为惊妙，园内以假山为多，上下三层，曲径9条，山洞21个。它们峰峦相叠、窝洞相接、意境高远、韵味无穷。因而有“假山王国”之称。尤其称奇的是园内假山湖石酷似狮子者甚多，据说共有造型各异的狮子五百多只，故得名狮子林。狮子林将山川的壮丽融入苏州园林特有的秀美。

“园无石不秀，园因石而名，石是园之骨”。苏州园林的清、幽、淡、雅，诗情画意，只有在假山堆石映衬托下才显得更加秀美动人。

清代造园家，创造了穹形洞壑的叠砌方法，用大小石钩带砌成拱形，顶壁一气，酷似天然峭壑，乃至于可估喀斯特溶洞，叠山倒垂的钟乳石，比明代以条石封合收顶的叠法合理得多、高明得多。现存的苏州拙政园、常熟的燕园、上海的豫园，都是明清时代园林造山叠石的佳作。

（四）表现意境美

园林除了要模仿自然真山水之外，还追求更高层次的审美，那就是意境美，园林的意境常常来源于诗画的意境，这种审美情趣不仅需要外景的美，还需要心灵的参与，为园境点题立意，表现园林的艺术意境。中国园林追求诗情画意，园林的意境不单是通过山石、草木、池沼、亭榭等物质形态的景观显现出来。园林内的匾额、碑刻、对联，如同花木竹石一样也是组成园景、创造意境的重要因素。中国园林运用这些文化符号“来点景，表现园林的艺术境界，引导人们获得园林意境美的享受”，诗文、书法、题额不单营造了古朴典雅的气氛，更起了烘托园境主题、画龙点睛的作用。石头在中国园林中是镌刻诗文、题写碑额的重要载体。石的天然质朴的外形、质感和汉字书法富有动感画意的线条的有机结合，本身就寓意了人力和自然的统一，体现着中国园林的审美追求：虽由人作，宛自天开。整个园林犹如一幅写意山水，镌刻诗文的碑石就是这幅立体绘画上的边款、印章，是园林整体有机的一部分。

（五）堆山置石的基本手法

1. 选石

石质要统一，黄石、湖石，不能混用。石质统一，也出于自然。自然之山，石质必然统一。而艺术之法则，其首条便是“变化与统一”。石质统一，造型变化，符合艺术规律。

2. 造型

所谓假山，其实不假，其气质甚至胜出真山。人说“风景如画”，意谓画之景可以取舍，胜于风景，其理一样。但若假山堆得不好，则不在其列。假山造型，轮廓线要有变化，变化中又要均衡。山不在高，贵有层次，在于掩映，在于含蓄。堆山堆出有层次感，最关键的是峰峦要有立体布局。

3. 险峻

假山仿真山，仿得是气质。真山之美，一在巍峨雄健，二在险峻挺拔。假山虽小，但其姿态气质不亚于真山之雄伟和奇险。特别是立峰、单石、更要重视险峻之美。大凡名贵的单石、立峰，都具有险峻之美。江南三大名石：苏州的瑞云峰、上海（豫园）的玉玲珑、杭州的绉云峰，无论其轮廓线、虚实关系，都符合山石之审美准则，但它更美在险峻。

4. 意境

山之意境有不同的类别。人常言泰山以雄著称，黄山以奇著称，华山险，峨眉秀，庐山迷，审美特征不同。假山也同样分这些类型，所以须选一种审美倾向，然后刻意追求之。假山是一种艺术，其意境应当是山。

假山与堆石只是中国园林的构园要素之一，其造山，砌石手法是十分考究的，不仅需要考虑石材本身的颜色、材料 、质地。还要与园林整体的规模，风格，立意相一致，还要在其中融入设计者本身的追求和志向。其实中国古典园林文化以及中国的审美特点都在小小的堆石上得找到。中国古典园林造园艺术，以追求自然精神境界为最终和最高目的。它深浸着中国文化的内蕴，是中国五千年文化史造就的艺术珍品，是一个民族内在精神品格的生动写照，是我们今天需要继承与发展的瑰丽事业。

第八节　园林水体

一、园林水体的类型

园林水体的景观形式是丰富多彩的。水体设计既要模仿自然，又要有所创新。自然界中有江河、湖泊、瀑布、溪流和涌泉等自然景观。因此，水体设计中的水就有平静的、流动的、跌落的和喷涌的四种基本形式。

（一）静水

水面自然，相对静止，不受重力及压力的影响，称为“静水”。园林中成片汇集的水面形成静水，最为常见的形式有水池和湖泊。

水池按按形状可分为自然式和规则式。我国古典园林偏爱自然式的水池。池岸的形状以曲折为佳，使人感到意犹未尽。同时，西方国家的园林布局规则，其水景处理也不例外。水池从用途上又分为观赏水池和游泳池两种。观赏水池在一定程度上扩展了空间。水边的景物在水面形成倒影，水中的锦鲤游动嬉戏，虚虚实实，颇有生气，而游泳池则作为娱乐之用。

（二）流水

水体因重力而流动，形成各种各样溪流、旋涡等，称为“流水”。流动水体可以减少藻类滋生，加速水质的净化。园林中常以流水来模拟河流、山涧小溪等自然形态。

自然界的河流水流平缓，形如带状，可长可短，可直可弯，有宽有窄，有收有放。为模拟这种自然的形态，园林中常用弯曲的河道来表现，河岸多为土质，可种植亲水的植物。岸边可设观水的水榭、长廊、亲水平台等建筑小品，局部可以修建成台阶，延伸入水中，增加人与水接触的机会。水上宽广处可划船，狭窄处可架桥或设汀步。

（三）落水

水体在重力作用下从高处落下，形成各种各样的瀑布、水帘等，称为“落水”。具说来有瀑布、跌水、壁泉等类型。

（四）喷水

水体经过细窄的喷头，在压力的作用下，喷涌而出，形成各种各样的喷泉、涌泉、喷雾等，称为“喷水”。喷水让水体循环使用，可以净化水质。

最为常见的是喷泉广场这种水景组合。经过多年的发展，现在经逐步发展为几大类：音乐喷泉、程控喷泉、旱地喷泉、跑动喷泉、光亮喷泉、趣味喷泉、激光水幕电影、超高喷泉等，实际上，水体设计中往往不止使用一种方法，可以以一种形式为主，其他形式为辅，也可以将几种形式相结合。静水、流水、落水和喷水，水体的这四种基本形态实际上就是自然界中水体的运动过程。

二、园林水体的应用

水是万物的生命源泉。水为园林中的“血液”“灵魂”。古今中外的园林，对于水体的运用都非常重视。在各种风格的园林中，水体均有不可替代的作用。早在三千多年前的周代，水就成为我国园林游乐的内容，在中国传统园林中，几乎是“无园不水”。有了水，园林就有了活泼的生机，也更增加波光粼粼、水影摇曳的形声之美。

（一）按水体的形式可以分为自然式和规则式

园林中的各种水体，无论它在园林中是以主景还是配景的形式出现，概括来说主要有两种应用形式：自然水体与规则式水体。在古希腊时期，受当时数学、几何学的发展以及哲学家美学观点的影响，他们认为美是通过数字比例来表现的，是有规律和秩序、符合比例协调的整体，因此只有强调均衡稳定的规则式，才能产生美感。所以当时规则样式的景观布局便在这种美学思想的影响逐渐形成了。自然式的水体是仿自然形态，但又高于自然，把人工美和自然美巧妙结合，做到了“虽由人作，宛自天开”，即强调自然美，这是受到当时道家思想和地理条件所影响的。自然水体主要是利用现有的地形或土建的结构进行的设计，这种设计可以是自然存在的，也可以是人工建造的，它的形态多是不规则的形体，以曲线的形式存在，这种水体在我国传统园林中有较多的应用。

1. 自然式的水体：人工模拟自然水景观而成，天然的或模仿天然形状的河、湖、泉等，在景观中多随地形而变化。

2. 规则式的水体：人工开塑造成几何形状的水面，如运河、水渠、池、水井等。

（二）按水流的状态可分为静态和动态的

所谓静态水面是与动态相对而言，静态水景只是说明它本身没有声音、很平静。这些都是人的视觉、听觉的主观感觉。动态的水景有流水、落水和喷水等几种，这些形态又可以演变出若干种不同的形式，特别是随着技术的发展，跌落的形式也在千变万化，在不同的场所可以营造不同的氛围，给人们产生不同的心理感受。如音乐喷泉广场，这样的环境带给人的是平缓和松弛的视觉享受，比较适宜人的休闲空间。

（三）水池

池是最常见的水景之一，它往往位于传统园林的核心区，构成整个园林中心景观。园林中有明确的中轴线，中轴线上有水池和喷泉等，水景的造型丰富，一般是方形、圆形、规则的对称形平面，趣味性极强。池面有大有小，小尺度的池能起到点景的作用，常常作为视觉中心。可在池上筑山，形成池山，可以单独设置，或与其他设施结合，往往造型独特，成为空间视线焦点。大尺度的水面可以形成可控制性的人工湖景观，常在居住环境中出现，池岸形式多样，或直或曲，通过人工造型，突出构图与形式美，四周配以步道廊道、植物，衬托休闲的生态气氛。

（四）瀑布

在景观设计中，瀑布常常是指人工模拟自然的瀑布，一般是结合假山石，大流量的水从高处往下流所形成的景观。多用现代设计手法表现，体现了较强的人工性。瀑布的观赏效果比流水更丰富多彩，最能体现景观中水之源泉的特性，它可以体现水的气势和动感，令观赏者心旷神怡，因而常作为室外环境布局的视线焦点。瀑布通常由水源、落水口、瀑身、瀑潭和出水口五部分组成，其水流特性取决于水的流量、流速、高差以及出水口边沿的形状。在设计处理时，应认真研究落水边沿，边沿造型不同而呈现的流水效果也就不同。

（五）水体应用原则

1. 体现自然，注重生态，满足功能性要求

在进行景观设计时，首先应当明确水体的基本功能，并结合其他功能需求进行空间环境设计，高效率地运用水，减少水资源消耗。水体的基本功能就是带给人美的感受，成为视线的焦点，提供人们观赏、戏水、娱乐与健身，所以水体首先要满足艺术美感，在设计中尽量采用多种手段，引用不同的水体类型如戏水池、喷泉、溪涧等，丰富景观空间的使用功能。

水体不仅具有审美价值，同样水体本身也具有调节小气候功能，可以吸尘降噪、净化空气、调节空气温度和湿度。特别是喷泉喷射的液滴水雾含有大量的负氧离子，人在其中可以感到心情放松，空气清新、宜人。在现代景观环境中，特别是在北方浮尘物多、空气湿度不够，大面积的水体设计可以有效地调节环境湿度和温度，改善小区小气候的生态环境。

2. 环境的整体性要求

在环境景观设计中，水景设计要充分体现水的艺术功能和观赏特性，并与整个景观相协调统一。因而在设计中，水景设计要想达到预期的景观效果，首先要研究环境因素与地理条

件，从而确定水体的类型，在平面设计上要使水的形态美观、平衡、均称，做到既有利于造景又有利于水的维护，体现水的变化性。因地制宜，量力而行，自成特色，不可千篇一律，实现水体与环境相协调，使空间层次丰富和谐。并应设计、核定好日后的运营、维护、保洁、净化以及投入成本等问题，以免带来后患，弄巧成拙。

3. 水景设计的尺度应适宜、和谐统一

一个成功的水景应有宜人的尺度，这个尺度必须体现出对人的尊重，充分考虑人的行为特性，应该结合人体工程学相关学科知识，参考人体基本尺度、静态和动态空间尺度和心理效应等方面的因素。水体在景观设计中不是独立存在的，它需借助其他载体，才能更好地满足人们对景观的需求。所以水体的形态和大小尺度应与山石、桥、水生植物、雕塑小品和灯光的元素相结合，彼此协调统一，构成景观空间。

4. 水景的安全性

在进行水景设计时，首先要明确水景的功能，充分考虑水体的安全性。水体一般以观赏、嬉水、为水生植物和动物提供生存环境的形式出现。在设计中要考虑人与水的亲近关系，适宜的水深才能形成和谐的生存环境。一般嬉水型的水景，多会吸引人们的参与性。如果这类型的水过深，有可能会导致儿童溺水，发生危险。如果水的深度过浅，反而又会降低水体自身的净污能力，使水质恶化，破坏生态环境。所以在设计水景时，要充分考虑以上情况，对特定的水景设置相应的防护措施。可通过设置护栏、地面防滑处理、水岸边沿加宽坡度等措施，既保护了人们使用的安全性又保证了水质的净化。

第九节　园林植物保护

一、昆虫基础知识

昆虫属于节肢动物门昆虫纲，是动物界中最为繁盛的 1 个类群，研究表明，地球上的昆虫可能达 1000 万种，约占全球生物多样性的一半。目前已经被命名的昆虫在 102 万种左右，占动物界已知种类的 2/3。

（一）昆虫的命名

昆虫名称有拉丁学名、中文名和俗名。拉丁学名常采用林本奈的双名法。双名法即昆虫种的学名由两个拉丁词构成，第一个词为属名，第二个为种名，如国槐尺蠖 *Semiothisa cinerearia* Bremer et Grey，俗名称为吊死鬼。分类学著作中，学名后面还常常加上定名人的姓。但定名人的姓氏不包括在双名法内。学名印刷时常用斜体，以便识别。

（二）昆虫纲的基本特征

昆虫的种类很多，由于对不同生活环境和生活方式的长期适应，其身体结构也发生了多种多样的变化。科学意义上的昆虫是成虫期具有下列特征的一类节肢动物：

（1）体躯由若干环节组成，这些环节集合成头、胸、腹 3 个体段（图 2-1）。

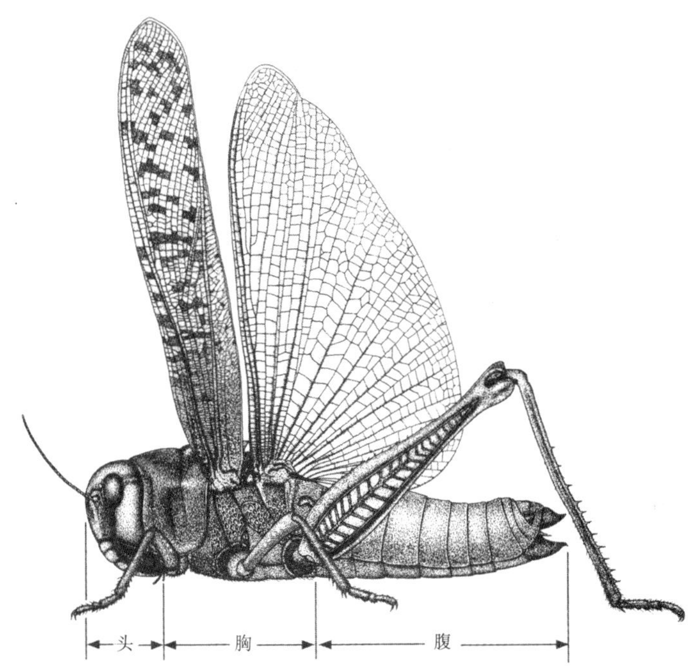

图 2-1　东亚飞蝗 *Locusta migratoria manilensis* (Meyen)，昆虫的基本构造（彩万志图）

（2）头部是取食与感觉的中心，具有口器和触角，通常还有复眼及单眼。

（3）胸部是运动与支撑的中心，成虫阶段具有 3 对足，一般还有 2 对翅。

（4）腹部是生殖与代谢的中心，其中包括着生殖系统和大部分内脏，无行走用的附肢（图 2-1）。

昆虫在生长发育过程中，通常要经过一系列内部及外部形态的变化才能变成性成熟的个体。另外，还需要指出的是，并非所有在特定时期内具有 3 对足的动物都是昆虫，如一些蛛形纲、倍足纲和寡足纲的初龄幼虫就具有 3 对足。

（三）外部形态

1. 头部

头部是昆虫体躯的第一个体段，由数个体节愈合而成；头壳坚硬，以保护脑和适应取食时强大的肌肉牵引力。头壳表面着生有触角、复眼与单眼，前下方生有口器。

触角是昆虫的主要感觉器官，昆虫的触角主要功能是嗅觉、触觉与听觉，其表面具有很多不同类型的感觉器，在昆虫的种间和种内化学通信、声音通信及触觉通信中起着重要的作用。一般雄性昆虫的触角较雌性昆虫的触角发达，能准确地接收雌性昆虫在较远处释放的性信息素。

根据触角的形状、长度、结构等将触角分为 12 个基本类型：刚毛状、丝状、念珠状、棒状、锤状、锯齿状、栉齿状、羽状、肘状、环毛状、具芒状、鳃状。

复眼和单眼是昆虫的主要视觉器官。复眼是昆虫最重要的一类视觉器官，能辨别出近距离的物体，特别是运动着的物体。昆虫的单眼包括背单眼和侧单眼两类，它们只能感受光线的强弱与方向而无成像功能。

口器又叫取食器，昆虫因食性及取食方式的分化，形成了不同类型的口器。其中与园林关系密切的有：咀嚼式口器、刺吸式口器、虹吸式口器、锉吸式口器、嚼吸式口器、舐吸式口器。

2. 胸部

胸部是昆虫体躯的第 2 段，由前胸、中胸及后胸 3 个体节组成。各节具 1 对足，分别称前足、中足和后足。大多数有翅亚纲昆虫的中、后胸上各有 1 对翅，分别叫前翅和后翅。胸部的演化主要围绕运动功能进行。

大部分昆虫的足是适于行走的器官，由于生活环境的不同，足的功能与形态出现了一些变化，根据其结构与功能，可把昆虫的足分为不同的类型，常见的类型有 8 种（图 2-2）：步行足、跳跃足、捕捉足、开掘足、游泳足、抱握足、携粉足、攀握足。

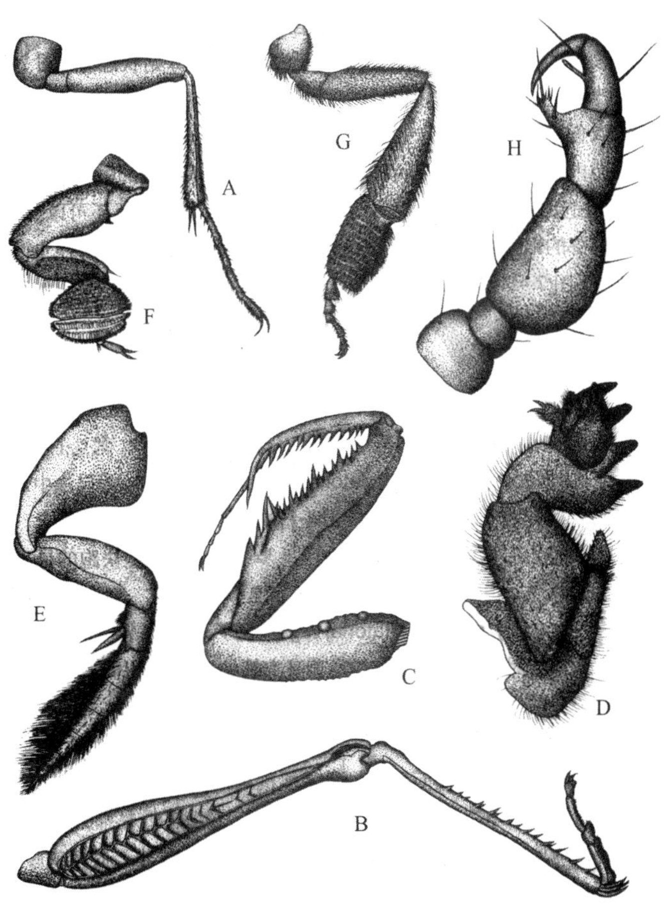

图 2-2　昆虫胸足的基本类型（摘自彩万志等主编的《普通昆虫学（第 2 版）》）

A—步行足；B—跳跃足；C—捕捉足；D—开掘足；E—游泳足；F—抱握足；G—携粉足；H—攀握足

昆虫是动物界中最早获得飞行能力的类群，同时也是无脊椎动物中唯一具翅的类群，飞行能力的获得是昆虫纲繁盛的重要因素之一。根据翅的形状、质地与功能可将翅分为不同的类型，常见的类型有 9 种：膜翅、毛翅、鳞翅、缨翅、半覆翅、覆翅、半鞘翅、鞘翅、棒翅。

3. 腹部

腹部是昆虫体躯的第 3 个体段，也是最后一个体段。腹部内部包藏着主要的内脏器官及生殖器官，其进化主要围绕着新陈代谢及生殖作用而进行。昆虫的腹部大多近纺锤形或圆筒形，常比胸部略细，以近基部或中部最宽，但也有一些奇特的形状。

（四）昆虫的分类

界、门、纲、目、科、属、种是分类的 7 个主要阶元。昆虫的分类地位为动物界、节肢动物门、昆虫纲。昆虫共分为 35 个目，与园林植物密切相关的常见昆虫目有以下几种类型。

1. 鳞翅目

蝶类和蛾类均属于此目。成虫体和翅上密被鳞片，形成各种颜色和图形。成虫口器虹吸式，幼虫口器咀嚼式。

2. 鞘翅目

前翅鞘翅，后翅膜质。口器咀嚼式。本目中的害虫如金龟子、天牛、小蠹虫等；益虫如瓢虫等。

3. 同翅目

该目昆虫全为植食性，以刺吸式口器吸食植物汁液，许多种类可以传播植物病毒病。蚜虫、介壳虫、粉虱和叶蝉均属于此目。

4. 直翅目

体小至大型。口器为典型的咀嚼式。翅通常 2 对，前翅窄长，加厚成皮革质，称为覆翅，后翅膜质。如蝗虫、蝼蛄等。

5. 膜翅目

翅膜质，透明，两对翅质地相似。口器咀嚼式或嚼吸式。本目中的害虫如叶蜂、茎蜂等；益虫如赤眼蜂、肿腿蜂、周氏啮小蜂和姬蜂等。

6. 双翅目

成虫只有 1 对发达的膜质前翅，后翅特化为棒翅。口器刺吸式、刮吸式或舐吸式。如潜叶蝇、食蚜蝇、菊瘿蚊等。

7. 缨翅目

体小型至微小型，2 对翅为缨翅。口器锉吸式，如蓟马。

（五）昆虫生物学

1. 昆虫的生殖方法

昆虫生殖从不同的角度可以分为不同的类型。

（1）依据受精机制，可分为：两性生殖与孤雌生殖。

（2）依据产生后代的个数，可分为：单胚生殖（一个卵产生一个体）、多胚生殖（一个卵可产生两个以上的个体）。

（3）依据产生后代的虫态，可分为：卵生（子代离开母体的虫态为卵）、胎生（子代离开母体的虫态为若虫或幼虫）。

2. 昆虫的发育与变态

（1）昆虫个体发育

除孤雌生殖的种类外，昆虫的个体发育包括胚前发育、胚胎发育和胚后发育3个阶段。

（2）昆虫的变态

昆虫的个体发育过程中，特别是在胚后发育阶段要经过一系列的形态变化，即变态。

根据各虫态体节数目的变化、虫态的分化及翅的发生等特征，可将昆虫的变态分为5大类：增节变态、表变态、原变态、不全变态、全变态。

全变态类昆虫一生经过卵、幼虫、蛹和成虫4个不同的虫态，如国槐尺蠖等。

不全变态这类变态又称直接变态，只经过卵期、幼期和成虫期3个阶段，如蝗虫、蝼蛄等。

3. 昆虫的世代及生活史

（1）世代

昆虫的新个体（卵或幼虫或若虫或稚虫）自离开母体到性成熟产生后代为止的发育过程叫生命周期，通常称这样的1个过程为1个世代。

（2）生活史

指一种昆虫在一定阶段的发育史。生活史常以1年或1代为时间范围，昆虫在1年中的生活史称年生活史或生活年史，而昆虫完成一个生命周期的发育史称代生活史或生活代史。

各种昆虫世代的长短和一年内所能完成的世代数有所不同，如蚜虫一年发生10多代，国槐尺蠖一年发生4代。同一种昆虫因受环境因子的影响，每年的发生代数有所不同，如黏虫在中国东北北部每年发生2代，在华北大部分地区每年3～4代，而在华南地区每年多达6代。

（3）休眠和滞育

在昆虫生活史的某一阶段，当遇到不良环境条件时，生命活动会出现停滞现象以安全度过不良环境阶段。这一现象常和盛夏的高温及隆冬的低温相关，即所谓的越夏或夏眠和越冬或冬眠。根据引起和解除停滞的条件，可将停滞现象分为休眠和滞育两类。

休眠是由不良环境条件直接引起的，当不良环境条件消除后昆虫马上能恢复生长发育的生命活动停滞现象。有些昆虫需要在一定的虫态或虫龄休眠，如东亚飞蝗均在卵期休眠；有些昆虫在任何虫态或虫龄都可以休眠，如小地老虎在我国江淮流域以南以成虫、幼虫或蛹均可休眠越冬。由于不同虫态的生理特点不同，在休眠期内的死亡率也就不同。因此，以何种虫态休眠在一定程度上会影响后来昆虫种群的基数。

滞育是由环境条件引起的，但通常不是由不良环境条件直接引起的，当不良环境条件消除后昆虫也不能马上恢复生长发育的生命活动停滞现象。引起滞育的外界生态因子主要是光周期、温度、湿度、食物等，内在因子为激素。

4. 昆虫的习性

习性是昆虫种或种群具有的生物学特征，亲缘关系相近的昆虫往往具有相似的习性。主要有食性、活动的昼夜节律、趋性、群集性、假死性等。

（1）食性

食性就是取食的习性。昆虫多样性的产生与其食性的分化是分不开的。根据昆虫食物的性质，可分为植食性、肉食性、腐食性、杂食性。根据食物的范围，可将食性分为单食性（如国槐小卷蛾）、寡食性（如双条杉天牛）、和多食性（如日本龟蜡蚧、温室白粉虱）。

（2）昼夜节律

昆虫的活动在长期的进化过程中形成了与自然中昼夜变化规律相吻合的节律，即生物钟或昆虫钟。绝大多数昆虫的活动，如飞翔、取食、交配等均有固定的昼夜节律。我们把在白天活动的昆虫称为日出性或昼出性昆虫（如绝大多数蝶类），把夜间活动的昆虫称为夜出性昆虫（如绝大多数蛾类），把那些只在弱光下（如黎明时、黄昏时）活动的则称弱光性昆虫。

（3）趋性

趋性就是对某种刺激有定向的活动的现象。根据刺激源可将趋性分为趋热性、趋光性、趋化性、趋湿性、趋声性等。根据反应的方向，则可将趋性分为正趋性和负趋性（即背向）两类。

了解昆虫的趋性可以帮助我们管理昆虫，如人们利用昆虫的趋性可以采集标本、检查检疫性昆虫，进行害虫和天敌的预测预报，诱杀害虫等活动。

（4）群集性

昆虫的群集性指同种昆虫的大量个体高密度地聚集在一起的习性。许多类昆虫具有群集习性，根据聚集时间的长短可将群集分为临时性群集和永久性群集两类。临时性群集指只是在某一虫态和一段时间内群集在一起，过后就分散的现象，如瓢虫具群集越冬习性。永久性群集指终生群集在一起，如蜜蜂。

（5）假死性

假死是指昆虫在受到突然刺激时，身体蜷缩，静止不动或从原停留处突然跌落下来呈“死亡”之状，稍停片刻又恢复常态而离去的现象。

二、病害基础知识

（一）植物病害的概念与类型

1. 植物病害的概念

植物在生长发育过程中由于受到病原生物的侵染或不良环境条件的影响，其影响或干扰强度超过了植物能够忍耐的限度，植物正常的生理代谢功能受到严重影响，产生一系列病理学变化过程，在生理和形态上偏离了正常发育的植物状态，有的植株甚至死亡，造成显著的经济损失，这种现象就是植物病害。

2. 病因

引起植物偏离正常生长发育状态而表现病变的因素。植物发生病害的原因是多方面的，大体上可分为三种：①植物自身的遗传因子异常。②不良的物理化学环境条件。③病原生物的侵染。

3. 植物病害的类型

按照病因类型来区分，植物病害分为两大类：

（1）侵染性病害：有病原生物因素侵染造成的病害。因为病原生物能够在植株间传染，因而又称传染性病害。侵染性病害的病原生物种类有真菌、藻物、细菌、病毒、寄生植物、线虫和原生动物等。

（2）非侵染性病害：没有病原生物参与，只是由于植物自身的原因或由于外界环境条件的恶化所引起的病害，这类病害在植株间不会传染，因此称为非侵染性病害或非传染性病害。按病因不同，非侵染性病害还可分为：①植物自身遗传因子或先天性缺陷引起的遗传性病害或生理病害。②物理因素恶化所致病害。③化学因素恶化所致病害。

（二）植物病害的症状

症状是植物受病原生物或不良环境因素的侵扰后，植物内部的生理活动和外观的生长发育所显示的某种异常状态。

植物病害的症状表现十分复杂，按照症状在植物体显示部位的不同，可分为内部症状与外部症状两类；在外部症状中，按照有无病原物出现可分为病征与病状两种。非特指情况下对症状的术语使用并不严格，通常都称为症状。

1. 病状类型

植物病害病状变化很多，但归纳起来有 5 种类型，即变色、坏死、萎蔫、腐烂和畸形。

2. 病征

病征和病状都是病害症状的一部分，病征只有在侵染性病害中才有出现，所有的非侵染性病害都没有病征出现。一般来说，在侵染性病害中，除了植物病毒病害和植原体病害在外表不显示任何特殊的病征之外，其他的侵染性病害在外表有时可见到多种类型的病征，尤其是菌物类病害和寄生植物所致病害最为明显。在条件适宜时，大多数菌物侵染引起的病部表面，先后可产生一些病原物的子实体等。为了便于描述，可以将这些病征分别称为下列不同的病征类型：①霉状物或丝状物；②粉状物或锈状物；③颗粒状物；④垫状物或点状物；⑤索状物；⑥菌脓或流胶。

三、农药基础知识

（一）农药的基本概念与分类

1. 农药的基本概念

指用于预防、控制危害农业、林业的病、虫、草、鼠和其他有害生物以及有目的地调节植物、昆虫生长的化学合成或者来源于生物、其他天然物质的一种物质或者几种物质的混合物及其制剂。

2. 农药毒性、药效和毒力

农药的毒性指农药对人、畜等产生毒害的性能；农药的药效指药剂施用后对控制目标（有害生物）的作用效果，是衡量效力大小的指标之一；农药的毒力指农药对有害生物毒杀作用的大小，是衡量药剂对有害生物作用大小的指标之一。农药的毒性与毒力有时是一致的，即毒性大的农药品种对有害生物的毒杀作用强，但也有不一致的，比如高效低毒农药（因为农药在温血动物和昆虫体内代谢降解机制不同）。农药的毒力是在室内控制条件下通过精确实验测定出来的，农药的毒力是药剂本身的性质决定的；农药的药效除农药本身性质外，还取决于农药制剂加工的质量、施药技术的高低、环境条件是否有利于药剂毒力的发挥。毒力强的药剂，药效一般也高。

3. 农药的分类

（1）按来源分类：农药按其来源可分为矿物源（无机）农药、生物源（植物源、微生物源）农药及化学合成农药三大类。

生物源农药：指直接利用生物活体或生物代谢过程中产生的具有生物活性的物质或从生物体提取的物质作为防治病、虫、草害和其他有害生物的农药。具体可分为；植物源农药（如苦参碱、天然除虫菊酯）、动物源农药（如昆虫性信息素）和微生物源农药（如阿维菌素、BT）。

矿物源（无机）农药：有效成分起源于矿物的无机化合物的总称（如硫酸铜、波尔多液、石硫合剂和磷化锌等）。

化学合成农药：通过人工手段，利用化学方法合成具有杀虫活性物质的总称（如氯氰菊酯、溴氰菊酯、乐果、敌敌畏、辛硫磷、多菌灵、百菌清和甲霜灵等）。

（2）按化学结构分类：有机氯类、有机磷类、氨基甲酸酯类、拟除虫菊酯类、沙蚕毒素类、苯并咪唑类和杂环类等。

（3）按主要用途（防治对象）分类：杀虫剂、杀螨剂、杀菌剂、杀线虫剂、除草剂、杀鼠剂、杀软体动物剂和植物生长调节剂等。

（4）按剂型分类：粉剂、可湿性粉剂、可溶性粉剂、乳油、颗粒剂、水分散粒剂、可溶液剂、水乳剂、微乳剂和泡腾片剂等。农药剂型在不断发展变化。

（二）农药的作用方式与作用机理

1. 杀虫剂作用方式与作用机理

（1）杀虫剂作用方式

指杀虫剂进入昆虫体内并到达作用部位的途径和方法。常规杀虫剂的作用方式有触杀、胃毒、熏蒸、内吸四种。特异性杀虫剂的作用方式有杀卵、引诱、拒食、驱避、不育、生长发育调节等。

1）触杀作用，如拟除虫菊酯杀虫剂、有机磷杀虫剂、氨基甲酸酯类杀虫剂等。

2）胃毒作用，此类农药主要用于防治咀嚼式口器的害虫，对刺吸式口器害虫无效。大多数有胃毒作用的农药也具有触杀作用。如甲基异柳磷、辛硫磷。

3）熏蒸作用，如有机磷杀虫剂敌敌畏、溴甲烷、磷化铝等。

4）内吸作用，如吡虫啉类等。

（2）杀虫剂的作用机理

主要是作用于神经系统、呼吸系统或调节生长，或杀卵作用、驱避、拒食、抑食、引诱及不育等方式从而起到防治的目的。

2. 杀菌剂作用方式与作用机理

（1）杀菌剂的作用方式

1）保护作用，杀菌剂在病原菌侵染前施用，可有效地起到保护作用，消灭病原菌或防止病原菌侵入植物体内。此类农药必须在植物发病前使用，如百菌清。

2）治疗作用，杀菌剂在植物发病后，通过内吸作用进入植物体内，抑制或消灭病原菌，可缓解植物受害程度，甚至恢复健康，如春雷霉素等。

3）铲除作用，杀菌剂直接接触植物病原并杀伤病原菌，使它们不能侵染植株。此类药剂作用强烈，多用于处理休眠期植物或未萌发的种子或处理土壤，如石硫合剂。

（2）杀菌剂的作用机理

主要是影响孢子萌发、抑制菌丝生长、附着孢和子实体的形成，导致细胞膨胀、原生质体和线粒体的瓦解、细胞壁和细胞膜的破坏，以及刺激植物产生抗病反应等，具体表现抑制或干扰病菌的形成或呼吸作用、抑制或干扰病菌的合成、干扰细胞分裂和诱导寄主植物产生抗病作用。

3. 除草剂作用方式与作用机理

（1）除草剂的作用方式

1）触杀性，药剂使用后杀死直接接触到药剂的杂草活组织。只杀死杂草的地上部分，对接触不到药剂的杂草地下部分无效。在施用此类农药时要求喷药均匀。

2）内吸性，药剂施用于植物体上或土壤内，通过植物的根、茎、叶吸收，并在植物体内传导，达到杀死杂草植株的目的。

（2）除草剂的作用机理

主要通过抑制杂草的光合作用、破坏植物呼吸作用、抑制生物合成作用、干扰植物激素平衡以及抑制微管和组织发育等发挥作用。除草剂防治的对象与保护对象均是植物，因此，开发和使用时需要特别注意除草剂的类型及其对植物的安全性。

（三）农药产品的相关知识与应用技术

2007 年 12 月 12 日，农业部与国家发改委联合发布了关于规范农药名称命名和农药产品有效成分含量 2 个公告。其中包含如下新规定：自 2008 年 1 月 8 日起，停止批准商品名称，农药名称一律使用通用名称或简化通用名称，直接使用的卫生农药以功能描述词语和剂型作为产品名称。自 2008 年 7 月 1 日起，生产的农药产品一律不得使用商品名称。

1. 农药标签的基本要素

农药名称、有效成分及含量、剂型、农药登记证号或农药临时登记证号、农药生产许可证号以及产品质量标准号、企业名称及联系方式、生产日期、产品批号、有效期、重量、产品性能、用途、使用技术和使用方法、毒性及标识、注意事项、中毒急救措施、贮存和运输方法、农药类别及其颜色标志带、急救措施、象形图及其他经农业农村部核准要求标注的内容。

2. 农药的名称

农药名称是它的生物活性即有效成分的称谓。一般来说，一种农药的名称有化学名称、通用名称（即农药品种简短的“学名”，是标准化机构规定农药生物活性有效成分的名称，如丙环唑）、商品名称。

3. 农药的“三证”

农药的“三证”指农药生产许可证、农药标准和农药登记证。农药生产许可实行一企一证管理，一个农药生产企业只核发一个农药生产许可证，农药登记证、农药标准以产品为单位发放。

农药正式登记证（PD 或 WP）：作为正式商品流通的农药须申请正式登记。正式登记有效期为 5 年，到期可以申请登记延续。

4. 毒性

毒性分为剧毒、高毒、中等毒、低毒、微毒五个级别。

5. 农药类别

农药类别采用相应的文字和特征颜色标志带表示。杀虫 / 杀螨剂——红色；杀菌 / 杀线虫剂——黑色；除草剂——绿色；植物生长调节剂——黄色；杀鼠剂——蓝色。

6. 农药配制计算

除少数农药制剂可以直接使用以外，大多数商品农药在使用前都要经过配制（稀释）。

（1）农药浓度的表示方法（常见的有三种）

1）倍数方法：园林生产实际中最常用的方法，即药液（或药粉）加水的量为商品农药量的倍数，一般以重量计算。在应用倍数法时，通常采用两种方法：内比法与外比法。

内比法：在稀释 100 倍或 100 倍以下时，稀释量要扣除原药所占的一份。如稀释 60 倍，即原药剂 1 份加稀释剂 59 份。

外比法：在稀释 100 倍以上时，计算稀释量不扣除原药剂所占的 1。如稀释 1000 倍，即原药 1 份加稀释剂 1000 份。

2）百分比浓度：即商品农药制剂中含纯原药的份数，用“%”来表示。

3）百万分浓度：即一百万份药剂中，含纯原药的份数，现在国家标准（GB）以 mg/kg 表示浓度。

（2）不同浓度表示法之间的换算

1）百万分浓度（mg/kg）与倍数之间的换算：

$$倍数=\frac{有效成分百分数}{(\text{mg/kg})数}\times 10000$$

例：25% 噻嗪酮配成 250mg/kg 防治白粉虱，用倍数表示？

解：　倍数 =25 ÷ 250 × 10000=1000 倍

即使用倍数为 1000 倍。

2）百分浓度（%）与百万分浓度（mg/kg）之间的换算：

$$原药百万分浓度=\frac{原药百分浓度}{1mg/kg\ 浓度}$$

例：5% 已唑醇悬浮剂是多少 mg/kg?

解：

$$原药百万分浓度（mg/kg）=\frac{5\%}{（1/1000000）}=50000（mg/kg）$$

即 5% 为 50000mg/kg。

3）倍数浓度与百分浓度之间的换算：

$$百分浓度（\%）=\frac{原药剂浓度（\%）}{稀释倍数}\times 100$$

例：25% 灭幼脲悬浮剂稀释 800 倍液后，其浓度为百分之几？

解：

$$百分浓度（\%）=\frac{0.25}{800}\times 100（\%）=0.03125（\%）$$

即此药稀释后的百分浓度为 0.03125%。

（3）农药配制的计算法

基本公式：
$$农药用量=\frac{配制药液量（水的用量）}{稀释倍数}$$

1）求用药量

例 1：2 t 的打药车，使用 500 倍的生物农药 Bt 乳剂防治槐尺蠖，需用多少 kg Bt 乳剂？

解：
$$农药用量=\frac{2\times 1000kg}{500}=4kg$$

即需要 Bt 乳剂 4kg。

例 2：青年路有国槐 3000 株，每株需喷 2000 倍液的 20% 菊杀乳油 20kg，问防治国槐小卷蛾 2 次，需要多少 kg 的农药？

解：
$$农药用量=\frac{3000\times 20kg\times 2}{2000}=60kg$$

即需要 20% 菊杀乳油 60kg。

2）求稀释倍数

例 3：16kg 的背式打药桶加一瓶盖的 10% 氯氰菊酯乳油（10g），问加水后的稀释药液为多少倍浓度？（注意单位的统一）

解：
$$稀释倍数=\frac{16\times 1000g}{10g}=1600\ 倍$$

即稀释后药液为 1600 倍。

3）求加水量

例 4：有 50% 嘧菌脂水分散粒剂 15ml，稀释 1000 倍，需加水多少 kg？

配制药液量（加水量）= 原药剂重量 × 稀释倍数

解：加水量 =15 × 1000=15000ml=15kg

即需加水 15kg。

基本公式：

$$稀释倍数 = \frac{原药剂浓度}{稀释液浓度}$$

4）求稀释倍数

例 5：现有 50% 代森锰锌可湿性粉剂加水稀释成 0.05% 的浓度来防治苗立枯病，求使用倍数？

解：

$$稀释倍数 = \frac{50（\%）}{0.05（\%）} =1000 倍$$

即所使用的药液为 1000 倍的。

四、有害生物综合防治

植物保护是研究植物的有害生物——病原物、害虫和杂草等的生物学特征、发生发展规律和防治方法的一门科学。

20 世纪 40 年代后，植物有害生物的防治基本上是以化学防治占主导地位。1972 年美国环境质量委员会提出了“Integrated Pest Management（简称 IPM）”有害生物综合治理的概念。1975 年，由农林部召开的全国植物保护工作会议上，将“预防为主，综合防治”确认为我国植物保护的工作方针。综合防治是以农业生产的全局和农业生态系的总体观点出发，以预防为主，充分利用自然界抑制病虫的因素和创造不利病虫发生危害的条件，有机地使用各种必要的防治措施，经济、安全、有效地控制病虫害，以达到高产、稳产的目的。目前，“预防为主，综合防治”仍是我国的植保工作方针，但其内涵已经有了很大提高，与国外 IPM 的发展基本接轨。在 1986 召开的第二次全国植物保护学术研讨会上，我国植保专家给有害生物综合治理（IPM）下了如下定义：有害生物综合治理是一种农田有害生物种群管理策略和管理系统。它从生态学和系统论的观点出发，针对整个农田生态系统，研究生物种群动态和相联系的环境，采用尽可能相互协调的有效防治措施，并充分发挥自然抑制因素的作用，将有害生物种群控制在经济损害水平以下，并使防治措施对农田生态系统内外的不良影响减少到最低限度，以获得最佳的经济、生态和社会效益。综合防治是对有害生物进行科学管理的体系。它从农田生态系统的总体出发，根据有害生物和环境之间的相互关系，充分发挥自然因素的控制作用，因地制宜地协调应用多种必要措施，控制有害生物以期获得最佳的经济、社会和生态效益。

（一）植物检疫

检疫是根据国际法律、法规对某国生物及其产品和其他相关物品实施科学检验鉴定与处理，以防止有害生物在国内蔓延和国际传播的一项强制性行政措施。植物检疫是植物保护总体系中的一个重要组成部分，它作为预防危险性植物病虫传播扩散措施已被世界各国政府重视和采用。

植物检疫的主要措施：①划分疫区；②建立无危险性病、虫、杂草的种子种苗繁育基地；③产地检疫；④调运植物检疫；⑤市场检疫；⑥国外引种检疫；⑦办理植物检疫登记证；⑧疫情的扑灭与控制。检疫处理的方法大体上有四种，即退回、销毁、除害和隔离检疫。

为防止检疫性、危险性林业有害生物的入侵和传播蔓延，保护首都生态环境，根据《中华人民共和国森林法》和国务院《植物检疫条例》等法律、法规的规定，结合北京市实际情况，制定了《北京市林业植物检疫办法》。本市行政区域内林业植物及其产品的检疫活动，应当遵守《北京市林业植物检疫办法》。例如：林业植物种苗繁育基地、母树林、花圃、果园的生产经营者，应当在生产期间或者调运之前向当地林检机构申请产地检疫。对检疫合格的，由检疫员签发《产地检疫合格证》；对检疫不合格的，签发《检疫处理通知单》。

我国十分重视植物检疫工作，根据国内外的植物检疫性有害生物的状况，制订了针对不同目的的植物检疫性有害生物名单，并适时进行必要的调整和修订。

（二）园艺防治

园艺防治是指在掌握园林生态系统中植物、环境（土壤环境和小气候环境）和有害生物三者相互关系的基础上，通过改进栽培技术措施，有目的地创造有利于植物生长发育而不利于有害生物发生、繁殖和为害的环境条件，以达到控制其数量和为害，保护植物的目的。

园艺防治所包括内容总的可分为栽培防治和植物抗性品种利用两个方面。

（三）物理防治

物理防治又称物理机械防治，是指根据有害生物的某些生物学特性，利用各种物理因子、人工或器械防治有害生物的植物保护措施。常用方法有人工和简单机械捕杀、温度控制、诱杀、阻隔分离以及微波辐射等。物理防治见效快，常可把病虫消灭在盛发期前，也可作为害虫大量发生时的一种应急措施。

物理防治技术包括：①热力法[高温杀（病）虫、低温杀（病）虫]；②汰选法（如用手选较大的种苗）；③阻隔法（如围环阻止草履蚧上树）；④辐射法；⑤趋性的利用（如灯光诱杀、食饵诱杀、潜所诱杀、其他诱杀或驱赶方法等）。

（四）生物防治

生物防治是一门研究利用寄生性天敌、捕食性天敌以及病原微生物来控制病、虫、草害的理论和实践的科学。

害虫生物防治领域不断扩大，近年来，由于病虫防治新技术的不断发展，如利用昆虫不育性（辐射不育、化学不育、遗传不育）及昆虫内外激素、噬菌体、内疗素和植物抗性等在病虫防治方面的进展，从而扩大了生物防治的领域。

（五）化学防治

植物化学保护是应用化学农药来防治害虫、害螨、病菌、线虫、杂草及鼠类等有害生物和调节植物生长，保护农、林业生产的一门科学。

在植物保护措施中，化学保护即化学防治，由于其具有对防治对象高效、速效、操作方便，适应性广及经济效益显著等特点，因此，在有害生物的综合防治体系中占有重要地位。但在应用大量农药的同时，也出现了农药综合征，即害虫产生了抗药性、次要害虫上升为主要害虫引起害虫再猖獗、农药残留问题，也就是当今世界上的“3R”问题。有害生物抗药性治理是通过时间与空间大范围限制农药的使用，从而达到保存有害生物对农药的敏感性来维持农药的有效性。目前一般采取的主要措施如下：①采用综合防治措施；②合理用药与采取正确的施药技术；③交替轮换用药；④混合用药；⑤间断用药。

第三章　安全基础知识

第一节　施工安全知识及要求

一、建设工程安全生产的重要意义

安全生产至关重要，通过政府对建筑业的管理，采取有效措施，加强对建设工程的安全生产监督，提高建设工程安全生产水平，降低伤亡事故的发生率，从世界各国建设行业的安全管理发展情况来看，都是非常必要的和有效的。

安全生产是我国国民经济运行的基本保障，保护所有劳动者的安全与健康是政府义不容辞的责任，也是每一个施工管理者的职责。尊重生命关爱健康，是当今社会以人为本的根本原则，也是企业安全运行、提高经济效益的重要保证。因此，我们要积极创造条件，推进劳动保护，提高劳动安全保护水平，减少安全事故的发生。

二、我国建设工程安全法律体系

1. 国家法律，由全国人大或人大常委会制定的基本法律，涉及建筑领域的法律有：《刑法》《安全生产法》《建筑法》《消防法》《劳动法》《环境保护法》《大气污染防治法》《环境噪声污染防治法》《行政处罚法》等，《建筑法》和《安全生产法》是构建建设工程安全生产法规体系的两个基础法律。《建筑法》是我国第一部规范建筑活动的部门法律，它的施行强化了建筑工程质量与安全的法律保障。《安全生产法》是安全生产领域的综合性基本法，是我国安全生产法律体系的主体法。

2. 行政法规，由国务院制定的法律规范性文件，主要有：

《建设工程安全生产管理条例》《安全生产许可证条例》《工伤保险条例》《特种设备安全监察条例》《国务院关于特大安全事故行政责任追究的规定》《企业职工伤亡事故报告和处理规定》《特别重大事故调查程序暂行规定》。

3. 部门规章，是行政性法律规范性文件，是国务院行政主管部门或地方政府制定的规范性文件，主要有：《安全生产培训管理办法》《安全生产监督罚款管理暂行办法》《安全生产行业标准管理规定》《安全评价机构管理规定》《注册安全工程师注册管理办法》《安全生产违法行为行政处罚办法》《安全生产行政复议暂行办法》《建设项目（工程）劳动安全卫生预评价管理办法》《特种作业人员安全技术培训考核管理办法》《在用压力容器检验规程》等。

三、建设工程安全生产条例施工单位的责任和处罚

（一）安全责任

1. 施工单位从事建设工程的新建、扩建、改建和拆除等活动，应当具备国家规定的注册资本、专业技术人员、技术装备和安全生产等条件，依法取得相应等级的资质证书，并在其资质等级许可的范围内承揽工程。

2. 施工单位主要负责人依法对本单位的安全生产工作全面负责。施工单位应当建立健全安全生产责任制度和安全生产教育培训制度，制定安全生产规章制度和操作规程，保证本单位安全生产条件所需资金的投入，对所承担的建设工程进行定期和专项安全检查，并做好安全检查记录。

施工单位的项目负责人应当由取得相应执业资格的人员担任，对建设工程项目的安全施工负责，落实安全生产责任制度、安全生产规章制度和操作规程，确保安全生产费用的有效使用，并根据工程的特点组织制定安全施工措施，消除安全事故隐患，及时、如实报告生产安全事故。

3. 施工单位对列入建设工程概算的安全作业环境及安全施工措施所需费用，应当用于施工安全防护用具及设施的采购和更新、安全施工措施的落实、安全生产条件的改善，不得挪作他用。

4. 施工单位应当设立安全生产管理机构，配备专职安全生产管理人员。

专职安全生产管理人员负责对安全生产进行现场监督检查。发现安全事故隐患，应当及时向项目负责人和安全生产管理机构报告；对违章指挥、违章操作的，应当立即制止。

专职安全生产管理人员的配备办法由国务院建设行政主管部门会同国务院其他有关部门制定。

5. 建设工程实行施工总承包的，由总承包单位对施工现场的安全生产负总责。

总承包单位应当自行完成建设工程主体结构的施工。

总承包单位依法将建设工程分包给其他单位的，分包合同中应当明确各自的安全生产方面的权利、义务。总承包单位和分包单位对分包工程的安全生产承担连带责任。

分包单位应当服从总承包单位的安全生产管理，分包单位不服从管理导致生产安全事故的，由分包单位承担主要责任。

6. 垂直运输机械作业人员、安装拆卸工、爆破作业人员、起重信号工、登高架设作业人员等特种作业人员，必须按照国家有关规定经过专门的安全作业培训，并取得特种作业操作资格证书后，方可上岗作业。

7. 施工单位应当在施工组织设计中编制安全技术措施和施工现场临时用电方案，对下列达到一定规模的危险性较大的分部分项工程编制专项施工方案，并附具安全验算结果，经施工单位技术负责人、总监理工程师签字后实施，由专职安全生产管理人员进行现场监督。

基坑支护与降水工程、土方开挖工程、模板工程、起重吊装工程、脚手架工程、拆除、爆破工程、国务院建设行政主管部门或者其他有关部门规定的其他危险性较大的工程。

对前款所列工程中涉及深基坑、地下暗挖工程、高大模板工程的专项施工方案，施工单位还应当组织专家进行论证、审查。

8. 建设工程施工前，施工单位负责项目管理的技术人员应当对有关安全施工的技术要求向施工作业班组、作业人员做出详细说明，并由双方签字确认。

9. 施工单位应当在施工现场入口处、施工起重机械、临时用电设施、脚手架、出入通道口、楼梯口、电梯井口、孔洞口、桥梁口、隧道口、基坑边沿、爆破物及有害危险气体和液体存放处等危险部位，设置明显的安全警示标志。安全警示标志必须符合国家标准。

施工单位应当根据不同施工阶段和周围环境及季节、气候的变化，在施工现场采取相应的安全施工措施。施工现场暂时停止施工的，施工单位应当做好现场防护，所需费用由责任方承担，或者按照合同约定执行。

10. 施工单位应当将施工现场的办公、生活区与作业区分开设置，并保持安全距离；办公、生活区的选址应当符合安全性要求。职工的膳食、饮水、休息场所等应当符合卫生标准。施工单位不得在尚未竣工的建筑物内设置员工集体宿舍。

施工现场临时搭建的建筑物应当符合安全使用要求。施工现场使用的装配式活动房屋应当具有产品合格证。

11. 施工单位对因建设工程施工可能造成损害的毗邻建筑物、构筑物和地下管线等，应当采取专项防护措施。

施工单位应当遵守有关环境保护法律、法规的规定，在施工现场采取措施，防止或者减少粉尘、废气、废水、固体废物、噪声、振动和施工照明对人和环境的危害和污染。

在城市市区内的建设工程，施工单位应当对施工现场实行封闭围挡。

12. 施工单位应当在施工现场建立消防安全责任制度，确定消防安全责任人，制定用火、用电、使用易燃易爆材料等各项消防安全管理制度和操作规程，设置消防通道、消防水源，配备消防设施和灭火器材，并在施工现场入口处设置明显标志。

13. 施工单位应当向作业人员提供安全防护用具和安全防护服装，并书面告知危险岗位的操作规程和违章操作的危害。

作业人员有权对施工现场的作业条件、作业程序和作业方式中存在的安全问题提出批评、检举和控告，有权拒绝违章指挥和强令冒险作业。

在施工中发生危及人身安全的紧急情况时，作业人员有权立即停止作业或者在采取必要的应急措施后撤离危险区域。

14. 作业人员应当遵守安全施工的强制性标准、规章制度和操作规程，正确使用安全防护用具、机械设备等。

15. 施工单位采购、租赁的安全防护用具、机械设备、施工机具及配件，应当具有生产（制造）许可证、产品合格证，并在进入施工现场前进行查验。

施工现场的安全防护用具、机械设备、施工机具及配件必须由专人管理，定期进行检查、维修和保养，建立相应的资料档案，并按照国家有关规定及时报废。

16. 施工单位在使用施工起重机械和整体提升脚手架、模板等自升式架设设施前，应当组织有关单位进行验收，也可以委托具有相应资质的检验检测机构进行验收；使用承租的机械设备和施工机具及配件的，由施工总承包单位、分包单位、出租单位和安装单位共同进行验收。验收合格的方可使用。

《特种设备安全监察条例》规定的施工起重机械，在验收前应当经有相应资质的检验检测机构监督检验合格。

施工单位应当自施工起重机械和整体提升脚手架、模板等自升式架设设施验收合格之日起 30 日内，向建设行政主管部门或者其他有关部门登记。登记标志应当置于或者附着于该设备的显著位置。

17. 施工单位的主要负责人、项目负责人、专职安全生产管理人员应当经建设行政主管部门或者其他有关部门考核合格后方可任职。

施工单位应当对管理人员和作业人员每年至少进行一次安全生产教育培训，其教育培训情况记入个人工作档案。安全生产教育培训考核不合格的人员，不得上岗。

18. 作业人员进入新的岗位或者新的施工现场前，应当接受安全生产教育培训。未经教育培训或者教育培训考核不合格的人员，不得上岗作业。

施工单位在采用新技术、新工艺、新设备、新材料时，应当对作业人员进行相应的安全生产教育培训。

19. 施工单位应当为施工现场从事危险作业的人员办理意外伤害保险。

意外伤害保险费由施工单位支付。实行施工总承包的，由总承包单位支付意外伤害保险费。意外伤害保险期限自建设工程开工之日起至竣工验收合格止。

（二）法律责任

1. 施工起重机械和整体提升脚手架、模板等自升式架设设施安装、拆卸单位有下列行为之一的，责令限期改正，处 5 万元以上 10 万元以下的罚款；情节严重的，责令停业整顿，降低资质等级，直至吊销资质证书；造成损失的，依法承担赔偿责任：

（1）未编制拆装方案、制定安全施工措施的；

（2）未由专业技术人员现场监督的；

（3）未出具自检合格证明或者出具虚假证明的；

（4）未向施工单位进行安全使用说明，办理移交手续的。

施工起重机械和整体提升脚手架、模板等自升式架设设施安装、拆卸单位有前款规定的第（一）项、第（三）项行为，经有关部门或者单位职工提出后，对事故隐患仍不采取措施，因而发生重大伤亡事故或者造成其他严重后果，构成犯罪的，对直接责任人员，依照刑法有关规定追究刑事责任。

2. 施工单位有下列行为之一的，责令限期改正；逾期未改正的，责令停业整顿，依照《中华人民共和国安全生产法》的有关规定处以罚款；造成重大安全事故，构成犯罪的，对直接责任人员，依照刑法有关规定追究刑事责任：

（1）未设立安全生产管理机构、配备专职安全生产管理人员或部分项工程施工时无专职安全生产管理人员现场监督的；

（2）施工单位的主要负责人、项目负责人、专职安全生产管理人员、作业人员或者特种作业人员，未经安全教育培训或经考核不合格即从事相关工作的；

（3）未在施工现场的危险部位设置明显的安全警示标志，或未按照国家有关规定在施工现场设置消防通道、消防水源、配备消防设施和灭火器材的；

（4）未向作业人员提供安全防护用具和安全防护服装的；

（5）未按照规定在施工起重机械和整体提升脚手架、模板等自升式架设设施验收合格后登记的；

（6）使用国家明令淘汰、禁止使用的危及施工安全的工艺、设备、材料的。

3. 施工单位挪用列入建设工程概算的安全生产作业环境及安全施工措施所需费用的，责令限期改正，处挪用费用 20% 以上 50% 以下的罚款；造成损失的，依法承担赔偿责任。

4. 施工单位有下列行为之一的，责令限期改正；逾期未改正的，责令停业整顿，并处 5 万元以上 10 万元以下的罚款；造成重大安全事故，构成犯罪的，对直接责任人员，依照刑法有关规定追究刑事责任：

（1）施工前未对有关安全施工的技术要求做出详细说明的；

（2）未根据不同施工阶段和周围环境及季节、气候的变化，在施工现场采取相应的安全施工措施，或者在城市市区内的建设工程的施工现场未实行封闭围挡的；

（3）在尚未竣工的建筑物内设置员工集体宿舍的；

（4）施工现场临时搭建的建筑物不符合安全使用要求的；

（5）未对因建设工程施工可能造成损害的毗邻建筑物、构筑物和地下管线等采取专项防护措施的，由此造成损失的，依法承担赔偿责任。

5. 施工单位有下列行为之一的，责令限期改正；逾期未改正的，责令停业整顿，并处 10 万元以上 30 万元以下的罚款；情节严重的，降低资质等级，直至吊销资质证书；造成重大安全事故，构成犯罪的，对直接责任人员，依照刑法有关规定追究刑事责任；造成损失的，依法承担赔偿责任：

（1）安全防护用具、机械设备、施工机具及配件在进入施工现场前未经查验或者查验不合格即投入使用的；

（2）使用未经验收或者验收不合格的施工起重机械和整体提升脚手架、模板等自升式架设设施的；

（3）委托不具有相应资质的单位承担施工现场安装、拆卸施工起重机械和整体提升脚手架、模板等自升式架设设施的；

（4）在施工组织设计中未编制安全技术措施、施工现场临时用电方案或者专项施工方案的。

6. 违反本条例的规定，施工单位的主要负责人、项目负责人未履行安全生产管理职责的，责令限期改正；逾期未改正的，责令施工单位停业整顿；造成重大安全事故、重大伤亡事故或者其他严重后果，构成犯罪的，依照刑法有关规定追究刑事责任。

作业人员不服管理、违反规章制度和操作规程冒险作业造成重大伤亡事故或者其他严重后果，构成犯罪的，依照刑法有关规定追究刑事责任。

施工单位的主要负责人、项目负责人有前款违法行为，尚不够刑事处罚的，处 2 万元以上 20 万元以下的罚款或者按照管理权限给予撤职处分；自刑罚执行完毕或者受处分之日起，5 年内不得担任任何施工单位的主要负责人、项目负责人。

7. 施工单位取得资质证书后，降低安全生产条件的，责令限期改正；经整改仍未达到与其资质等级相适应的安全生产条件的，责令停业整顿，降低其资质等级直至吊销资质证书。

8. 本条例规定的行政处罚，由建设行政主管部门或者其他有关部门依照法定职权决定。违反消防安全管理规定的行为，由公安消防机构依法处罚。

9. 注册执业人员未执行法律、法规和工程建设强制性标准的，责令停止执业 3 个月以上 1 年以下；情节严重的，吊销执业资格证书，5 年内不予注册；造成重大安全事故的，终身不予注册；构成犯罪的，依照刑法有关规定追究刑事责任。

10. 为建设工程提供机械设备和配件的单位，未按照安全施工的要求配备齐全有效的保险、限位等安全设施和装置的，责令限期改正，处合同价款 1 倍以上 3 倍以下的罚款；造成损失的，依法承担赔偿责任。

11. 出租单位出租未经安全性能检测或者经检测不合格的机械设备和施工机具及配件的，责令停业整顿，并处 5 万元以上 10 万元以下的罚款；造成损失的，依法承担赔偿责任。

四、安全施工要求

（一）安全管理目标

1. 贯彻“安全第一、预防为主”的安全生产工作方针，认真执行国务院、建设部、北京市关于建筑施工企业安全生产管理的各项规定，把安全生产工作纳入施工组织设计和施工管理计划，使安全生产工作与生产任务紧密结合，保证施工人员在生产过程中的安全与健康，严防各类事故发生，以安全促生产。

2. 强化安全生产管理，通过组织落实、责任到人、定期检查、认真整改。

3. 安全目标管理的主要内容如下：

（1）控制伤亡事故指标。

（2）施工现场安全达标。在施工期间内都必须达到《建筑施工安全检查标准》的合格以上的要求。

（3）文明施工。要制定施工现场全工期内总体和分阶段的目标，并要进行责任分解落实到人，制定考评办法，奖优罚劣。

（二）安全管理体系

1. 建立由项目经理为第一责任人的安全生产管理体系，施工单位安全生产负责人参加的专项安全管理组织领导施工现场的安全工作；

2. 项目经理部主要负责人与各参施单位主要负责人须签订安全责任状，参施单位主要负责人与本单位分管责任人须签订责任状，使得安全生产工作责任到人，层层负责；

3. 项目部设立一名安全主管，具体负责工程的安全管理和协调，负责本项目安全管理工作与信息的收集整理和传递；设专职安全员，负责安全防护管理、机电安全管理、机械安全管理、治安消防管理。

4. 分包项目经理根据分包工程实际情况成立安全管理组织，建立管理体系，设立专职安全员承担工程的安全管理工作，以及信息收集和向总承包单位项目部传递；

5. 劳务分承包方根据情况设立专、兼职安全员；

6. 各级安全员必须具备满足本岗位要求的素质和北京市劳动部门颁发的上岗证书，并由丰富管理经验、管理能力的人员承担，其他人员都必须经过培训取得内部培训合格的责任心强的管理人员。所有上述人员及特殊作业人员的资格必须符合规定，总承包单位进行备案存档并进行监督检查；

7. 所有在施单位都必须编制明确项目的安全生产责任制，明确各部门、各岗位的安全生产职责。

五、施工现场安全规定

（一）施工现场的安全规定

1. 悬挂标牌与安全标志。施工现场的入口处应当设置“一图五牌”，即：工程总平面布置图和工程概况牌、管理人员及监督电话牌、安全生产规定牌、消防保卫牌、文明施工管理制度牌，以接受群众监督。在场区有高处坠落、触电、物体打击等危险部分应悬挂安全标志牌。

2. 施工现场四周用硬质材料进行围挡封闭，在市区内其高度不得低于 1.8m。场内的地坪应做硬化处理，道路应坚实畅通。施工现场应当保持排水系统畅通，不得随意排放。各种设施和材料的存放应当符合安全规定和施工总平面图的要求。

3. 施工现场的孔、洞、口、沟、坎、井以及建筑物临边，应当设置围挡、盖板和警示标志，夜间应当设置警示灯。

4. 施工现场的各类脚手架（包括操作平台及模板支撑）应当按照标准进行设计，采取符合规定的工具和器具，按专项安全施工组织设计搭设，并用绿色密目式安全网全封闭。

5. 施工现场的用电线路、用电设施的安装和使用应当符合临时用电规范和安全操作规程，并按照施工组织设计进行架设，严禁任意拉线接电。

6. 应当采取措施控制污染，做好施工现场的环境保护工作。

7. 施工现场应当设置必要的生活设施，并符合国家卫生有关规定要求。应当做到生活区与施工区、加工区的分离。

8. 进入施工现场必须佩戴安全帽；攀登与独立悬空作业配挂安全带。

（二）施工过程中的安全操作知识

施工现场的施工队伍中有两类人员参加施工，一类是管理人员，包括项目经理、施工员、技术员、质监员、安全员等；另一类是操作人员，包括瓦工、木工、钢筋工等各工种。施工管理人员是指挥、管理施工的人员，在任何情况下，不应为了抢进度，而忽视安全规定指挥工人冒险作业。操作人员应通过三级教育、安全技术交底和每日的班前活动，掌握保护自己生命安全和健康的知识和技能，杜绝冒险蛮干，做到不伤害自己、不伤害别人，也不被别人伤害。各类人员除了做到不违章指挥、不违章作业以外，还应熟悉以下建筑施工安全的特点。

1. 安全防护措施和设施要不断地补充和完善。随着建筑物从基础到主体结构的施工，不安全因素和安全隐患也在不断地变化和增加，这就需要及时针对变化的情况和新出现的隐患采取措施进行防护，确保安全生产。

2. 在有限的空间交叉作业，危险因素多。在施工现场的有限空间里集中了大量的机械、设施、材料和人。随着在建工程形象进度的不断变化，机械与人、人与人之间的交叉作业就会越来越频繁，因此，受到伤害的机会是很多的，这就需要建筑工人增强安全意识，掌握安全生产方面的法律、法规、规范、标准知识，杜绝违章施工、冒险作业。

（三）施工现场安全措施

1. 安全技术交底和安全教育培训

任何一项分部分项工程在施工前，工程技术人员都应根据施工组织设计的要求，编写有针对性的安全技术交底书，由施工员对班组工人进行交底。接受交底的工人，听过交底后，应在交底书上签字。

对进场的工人要进行安全教育培训，并进行必要的考试，所有的安全教育要形成记录并存档。

2. 安全标志

在危险处如：起重机械、临时用电设施、脚手架、出入通道口、楼梯口、电梯井口、孔洞口、桥梁口、隧道口、基坑边沿、爆破物及有害危险气体和液体存放处等，都必须按《安全色》（GB2893）、《安全标志》（GB2894）和《工作场所职业病危害警示标识》（GBZ 158—2003）的规定悬挂醒目的安全标志牌。

3. 季节性施工

建筑施工是露天作业，受到天气变化的影响很大，因此，在施工中要针对季节的变化制定相应施工措施，主要包括雨季施工和冬季施工。高温天气应采取防暑降温措施。

4. 尘毒防治

建筑施工中主要有水泥粉尘、电焊锰尘及油漆涂料等有毒气体的危害，随着工艺的改革，有些尘毒危害已经消除。如实施商品混凝土以后，水泥污染正在消除。其他的尘毒应采取措施治理。施工单位应向作业人员提供安全防护用具和安全防护服装，并书面告知危险岗位的操作规程和违章操作的危害。作业人员应当遵守安全施工的强制性标准、规章制度和操作规程。

第二节　安全生产施工责任制

一、项目经理安全责任

1. 对承包项目工程生产经营过程中的安全生产负全面领导责任。

2. 贯彻落实安全生产方针、政策、法律、法规和公司各项规章制度，结合工程特点及施工全过程的情况，制定工程各项安全生产管理办法，或提出要求，并监督其实施。

3. 在组织项目工程业务承包，聘用业务人员时，必须本着安全工作只能加强的原则，根据工程特点确定安全工作的管理体制和人员，并明确各专业承包人的安全责任和考核指标，支持、指导安全管理人员的工作。

4. 健全和完善用工管理手续，录用分包队必须及时向有关部门申报，严格用工制度与管理，适时组织上岗安全教育，要对分包队的健康与安全负责，加强劳动保护工作。

5. 组织落实施工组织设计中的安全技术措施，组织并监督项目工程施工中的安全技术交底制度和设备、设施验收制度的实施。组织对施工现场的大型机械的验收和定期检查工作。

6. 领导、组织施工现场定期的安全生产检查，发现施工生产中安全隐患，组织制定措施，及时消除安全事故隐患。对上级提出的安全生产与管理方面的问题，要定时、定人、定措施予以解决。

7. 发生事故，要做好现场保护与抢救工作，及时上报、组织、配合事故的调查，认真落实制定的防范措施，吸取事故教训。

8. 参加、配合因工伤亡及重大未遂事故的调查，从技术上分析事故原因，提出防范措施、意见。

二、项目工程技术负责人安全生产责任制

1. 对项目工程生产经营中的安全生产负技术责任。

2. 贯彻、落实安全生产方针、政策，严格执行安全技术规程、规范、标准。结合项目工程特点，主持项目工程的安全技术交底。

3. 参加或组织编制施工组织设计，编制、审查施工方案时，要制定、审查安全技术措施，保证其可行与针对性，并随时检查、监督、落实。

4. 主持制定技术措施计划和季节性施工方案的同时，制定相应的安全技术措施并监督执行。及时解决执行中出现的问题。

5. 项目工程应用新材料、新技术、新工艺、新设备、新结构要及时上报，经批准后方可实施，同时要组织上岗人员的安全技术培训、教育。认真执行相应的安全技术措施与安全操作工艺、要求，预防施工中因化学物品引起的火灾、中毒或其新工艺实施中可能造成的事故。

6. 主持安全防护设施和设备的验收。发现设备、设施的不正常情况应及时采取措施。严格控制不符合标准要求的防护设备、设施投入使用。

7. 参加安全生产检查，对施工中存在的不安全因素，从技术方面提出整改意见和办法予以消除。

三、施工员安全生产责任制

1. 认真执行上级有关安全生产规定，对所管辖班组（特别是外包工队）的安全生产负直接领导责任；

2. 认真执行安全技术措施及安全操作规程，针对生产任务特点，向班组（包括外包队）进行书面安全技术交底，履行签认手续，并对规程、措施、交底要求执行情况经常检查，随时纠正行业违章；

3. 经常检查所辖班组（包括外包队）作业环境及各种设备、设施的安全状况，发现问题及时纠正解决；对重点、特殊部位施工，必须检查作业人员及各种设备、设施技术状况是否符合安全要求，严格执行安全技术交底，落实安全技术措施，并监督其执行，做到不违章指挥；

4. 定期和不定期组织所辖班组（包括外包队）学习安全操作规程，开展安全教育活动，接受安全部门或人员的安全监督检查，及时解决提出的不安全问题；

5. 对分管工程项目应用的新材料、新工艺、新技术严格执行申报、审批制度，发现问题，及时停止使用，并上报有关部门或领导；

6. 发生因工伤亡及未遂事故要保护现场，立即上报。

四、专职安全员安全生产责任制

1. 在项目经理部和安全科的领导下，督促项目职工认真贯彻执行国家颁的安全法规及企业制定的安全规章制度，发现问题及时制止，纠正和向领导及时汇报；

2. 负责按照施工组织设计中的安全措施及施工方案、安全技术交底，监督各班组实施并进行检查；

3. 深入现场每道工序，掌握安全重点部位的情况，检查各种防护设施，纠正违章指挥，冒险蛮干，执罚要以理服人，坚持原则，秉公办事；

4. 参加项目的定期安全检查，查出的问题要督促在限期内整改完，发现危险及职工生命安全的重大安全隐患，有权制止作业，组织职工撤离危险区域；

5. 发生工伤事故，要协助保护好现场，及时填表上报，认真负责参与工伤事故的调查，不隐瞒事故情节，真实地向有关领导汇报情况。

五、安全生产管理措施

（一）临时用电管理措施

临时配电线路必须按规定规范架设，架空线必须采用绝缘导线，不能采用塑胶软线，不得成束架空铺设，也不能沿地面铺设。

配电系统按照三级配电要求配备总配电箱、分配电箱、开关箱三类标准电箱。开关箱应符合一机、一箱、一闸、一漏，三类电箱中的各类电器应是合格品。

在采用接地和接零保护方式的同时，必须设两级漏电保护装置，实行分级保护，选取符合质量要求和质量合格的总配电箱和开关箱中的漏电保护器。

施工现场保护零线的重复接地应不小于三处。

手持电动工具的使用应符合国家标准的有关规定，工具的电源线、插头和插座应完好。电源线不能任意接长和调换，工具的外绝缘应完好无损，维修和保管由专人负责。

（二）现场防火管理措施

易燃、易爆危险品必须单独存放。危险品仓库要存放一定数量的消防器材。消火栓周围3m内禁止堆物，消防器材定期检查。

了解现场用火规定，制定用火、防火措施，消防器材定位、标识醒目，防火通道畅通，建立安全责任制，搞好安全生产教育，经常检查违章现象，消除隐患。

（三）用药安全管理措施

用药人员必须遵照安全使用农药的有关规定进行安全防护，一定要防止接触皮肤，进入眼、口、鼻等。必须按规定的使用浓度或用量准确配置和使用，喷洒时要均匀周到，并按有关规定注意安全防护。

（四）大树移植安全管理措施

作业前必须对现场环境（如地下管线的种类、深度、架空线的种类及净空高度）、运输线路（道路宽度、路面质量、立体交叉的净空高度）、其他空间障碍物、桥涵、宽度、承载车能力及有效的转弯半径等进行调查了解后，制定安全措施，方可施工。

挖掘树木前，应先将树木支撑稳固。打土球树木在掏底前，四周应先用支撑物固定牢靠。

掏底时应从相对的两侧进行，每次掏空宽度不得超过规定的宽度。

掏底工作人员在操作时，头部和身体不得进入土台下。

风力达到4级以上时（含4级），应停止掏底作业。

在进行掏底作业时，地面人员不得在台上走动、站立或放置笨重物件。

挖掘、吊装树木使用的工具、绳索、紧固机件、丝扣接头等，应与使用前由负责人检查，不能保证安全的，不得使用。

操作坑周围的地面，不可随意堆放工具、材料，应安放稳妥，防止落入坑内伤人。

操作人员必须佩戴安全帽、革制手套。

吊、卸、入坑栽植前要再检查钢丝绳的质量、规格。接头、卡环是否可靠，符合安全规定。

起重机械必须有专人负责指挥，并应规定统一的指挥信号，非指定人员不得指挥起重机械或发布信号。

装车后，土球必须用紧线器或绳索与车厢坚固结实后方可运行。

装、卸车时，吊杆下或木箱下，严紧站人。

卸车放置垫木时，头部和手部不得放入土球与垫木之间，所用垫木长度应超过土球直径。

树木吊放入坑时，树坑内不得站人，如需重新修整树坑，必须将土球调离树坑，操作人员方能入坑操作。

栽植大树时，如需人力定位，操作人员坐在坑边进行，只允许用脚蹬土球上口，不得把腿伸在土球与土坑之间。

（五）园林树木修剪安全措施

每个作业班组，有实践经验的老工人担任安全质量检查员，负责安全技术指导、质量检查及宣传工作。

按规定穿好工作服，戴好安全帽，系好安全绳和安全带等。

上大树梯子必须牢固，要立的稳，单面梯将上部横挡与树身捆住，人字梯中腰拴绳，角度张开适当。

上树后系好安全绳，手锯绳套拴在手腕上。五级以上大风不可上树。

公园及路树修剪。要有专人维护现场，树上树下互相配合，防止砸伤行人和过往车辆。修剪工具要坚固耐用，防止误伤或影响工作。

一棵树修完，不准从此树跳到另一棵树上，必须下树重上。

在高压线附近作业，要特别注意安全，避免触电，需要时请有关供电部门配合。

几人同时在一棵树上修剪，要有专人指挥，注意协作，避免误伤同伴。

使用高车修剪前，要检查车辆部件，要支放平稳，操作过程中，有专人检查高车状况，有问题及时处理。

（六）施工现场卫生

食堂必须办理食品卫生许可证，炊具经常刷洗，生熟食品分开存放，食物保管无腐烂变质，变质的食物不得食用，炊事人员必须办理健康证。

建筑上使用的防冻剂（亚硝酸钠）等有毒有害物，要设专人专库存放，严禁有毒有害物质接触食品，以防食物中毒。

冬季取暖不准用明火，以防煤气中毒。

施工现场垃圾按指定的地点集中收集，并及时运出现场，时刻保持现场的文明。

每天派人打扫现场厕所，保证现场和周围环境整洁文明。现场的厕所、排水沟及阴暗潮湿地带要经常进行消毒以防蚊蝇滋生。

现场施工道路要保持畅通与清洁，不得随意堆放物品，更不允许堆放杂乱物品或施工垃圾。

第三节　安全检查

一、安全施工监管

（一）安全生产责任制

1. 是否建立健全安全责任制，且严格按照责任制执行。

2. 经济承包中是否有安全生产指标。

3. 是否制定各工种安全技术操作规范。

4. 是否按规定配备专（兼）职安全员。

（二）目标管理

1. 是否制定安全管理目标（伤亡控制指标和安全达标、文明施工目标）。

2. 是否将安全责任目标分解量化。

3. 是否制定目标考核标准，且严格落实。

（三）施工组织设计

1. 施工组织设计中是否有全面且具有针对性的安全措施。
2. 施工组织设计是否经审核。
3. 专业性较强的项目，是否单独编制专项安全施工组织设计。
4. 安全措施是否落实。

（四）分部（分项）工程安全技术交底

1. 是否有全面且具有针对性的安全技术交底。
2. 交底是否履行签字手续。

（五）安全检查

1. 是否有定期安全检查制度。
2. 安全检查是否有记录。
3. 检查安全事故隐患整改是否定人、定时间、定措施。
4. 是否能如期完成重大事故隐患整改通知书所列项目。

（六）安全教育

1. 是否有安全制度。
2. 是否对新入场工人进行三级安全教育。
3. 是否有具体的安全教育内容。
4. 变换工种是否进行安全教育。
5. 是否对施工管理人员进行年度培训。
6. 专职安全员是否按规定进行年度培训考核且考核合格。
7. 是否建立班前安全活动制度。
8. 是否对班前安全活动进行记录。
9. 是否对特种作业人员进行培训。
10. 是否按规定持证上岗。

（七）工伤事故处理

1. 是否按规定报告工伤事故。
2. 是否按事故调查分析规定处理工伤事故。
3. 是否建立工伤档案。

（八）安全标志

1. 是否有现场安全标志布置总平面图，且现场是否按安全标志。

二、脚手架检查

（一）施工方案

1. 脚手架是否有施工方案，是否经上级审批。
2. 脚手架高度超过规范规定是否有设计计算书。
3. 施工方案是否有针对性，并能指导施工。

（二）立杆基础

1. 立杆基础是否平整、夯实。

2. 立杆基础有无扫地杆。

3. 立杆基础有无排水措施。

（三）架体与建筑结构拉结

1. 脚手架与建筑结构间的连墙件是否按标准规范要求设置。

2. 悬挑梁安装是否符合标准规范要求。

3. 剪刀撑是否按标准规范要求设置。

（四）脚手板与防护栏杆

1. 脚手板是否满铺，脚手板材质是否符合要求。

2. 架上有无探头板。

3. 施工层是否设置 1.2m 高的防护栏杆和挡脚板。

（五）荷载

1. 脚手架荷载是否超过设计规定。

2. 施工荷载是否堆放均匀。

（六）杆件间距

1. 立杆、横杆间距是否符合标准规范要求。

（七）通道

1. 脚手架是否设置符合标准规范要求的上下通道。

（八）卸料平台

1. 是否有经审批的卸料平台设计方案。

2. 卸料平台支撑系统是否与脚手架连接。

3. 卸料平台有无限定荷载标牌。

（九）脚手架材质

1. 钢管有无出厂合格证及相关部门测定的试验报告。

2. 钢管有无弯曲、锈蚀等现象。

（十）安装人员

1. 安装脚手架人员是否经过专业培训，并取得特种作业证书。

2. 安装人员在安装过程中是否系好安全带。

（十一）脚手架交底与验收

1. 脚手架搭设是否符合方案要求。

2. 每段脚手架搭设后，有无验收资料。

3. 每次使用前有无检查验收，资料是否齐全，有无交底记录。

三、模板工程

（一）施工方案

1. 模板工程有无经审批的施工方案。
2. 是否根据混凝土输送方法制定有针对性的安全措施。

（二）支撑系统

1. 现浇混凝土模板的支撑系统是否符合规范要求且有设计计算书。

（三）立柱稳定

1. 支撑模板的立柱材料是否符合要求。
2. 立柱底部是否有垫板，有无用砖垫高的行为。
3. 是否按规定设置纵横向支撑。
4. 立柱间距是否符合规定要求。

（四）施工荷载

1. 模板上施工荷载是否超过设计规定。
2. 模板上堆料是否均匀。

（五）模板存放

1. 大模板存放是否有防倾倒措施。
2. 各种模板存放是否整齐，有无超高。

（六）支拆模板

1. 2m 以上高处作业有无可靠立足点。
2. 拆除区域是否设置警戒线，有无监护人。
3. 是否留有未拆除的悬空模板。

（七）模板验收

1. 模板拆除前是否经过拆模申请批准。
2. 模板工程是否有验收手续。
3. 验收单是否有量化验收内容。
4. 支拆模板是否进行安全技术交底。

（八）作业环境

1. 作业面孔洞及临边是否有防护措施。
2. 垂直作业上下是否有隔离防护措施。

四、基坑支护

（一）施工方案

1. 基础施工有无支护方案。
2. 施工方案有无针对性，能否指导施工。
3. 基坑深度超过 5m 有无专项支护设计。

4. 支护设计及方案是否经过上级审批。

（二）临边防护

1. 深度超过 2m 的基坑施工是否有符合要求的临边防护措施。

（三）坑壁支护

1. 坑槽开挖设置安全边坡是否符合安全要求。

2. 特殊支护的做法是否符合设计方案。

3. 支护设施已产生局部变形是否采取措施调整。

（四）排水措施

1. 基坑施工是否设置有效排水措施。

2. 深基础施工采用坑外降水，有无防止临近建筑沉降措施。

（五）坑边荷载

1. 积土、料具堆放距槽边距离是否符合设计规定。

2. 机械设备施工与槽边距离是否符合要求，有无防护措施。

（六）上下通道

1. 人员上下是否有符合规范要求的专用通道。

（七）土方开挖

1. 施工机械进场是否经验收。

2. 挖土机作业时，是否有人员进入挖土机作业半径内。

（八）基坑支护变形监测

1. 是否按规定进行基坑支护变形监测。

2. 是否按规定对毗邻建筑物和重要管线和道路进行沉降观测。

（九）作业环境

1. 基坑内作业人员是否有安全可靠立足点。

2. 垂直作业上下是否有隔离防护措施。

3. 光线不足是否设置足够照明。

五、三宝、四口

（一）安全帽

1. 进入施工现场人员是否按规定要求正确佩戴安全帽。

（二）安全网

1. 在建工程外侧是否用符合要求的安全密目网封闭。

（三）安全带

1. 高空临边作业人员是否按规定要求正确系安全带。

（四）楼梯口、电梯井口防护

1. 每一处楼梯口、电梯井口是否有严密的防护措施。

2. 防护设施是否形成定型化、工具化。

3. 电梯井内是否按照每隔两层进行防护。

（五）预留洞口、坑井防护

1. 每一处预留洞口、坑井是否有严密、牢靠的防护措施。

2. 防护设施是否形成定型化、工具化。

（六）通道口防护

1. 每一处通道口是否有严密且符合规定的防护棚。

（七）阳台、楼板、屋面等临边防护

1. 每一处临边是否有严密、牢靠的防护。

六、施工用电

（一）外电防护

1. 外电防护是否小于安全距离。

2. 外电防护措施是否符合规范要求，封闭是否严密。

（二）接地与接零保护系统

1. 工作接地与重复接地是否符合要求。

2. 是否采用 TN-S 系统。

3. 专用保护零线设置是否符合要求。

4. 保护零线与工作零线是否混接。

（三）配电箱和开关箱

1. 是否符合“三级配电两级保护”“一机、一闸、一漏、一箱”要求。

2. 开关箱是否有有效且符合规格的漏电保护器。

3. 电箱内是否设置隔离开关。

4. 闸具是否符合要求，有无损坏。

5. 配电箱内多路配电有无标示。

6. 电箱是否有门、有锁，有无防雨措施。

（四）现场照明

1. 照明专用回路有无漏电保护器。

2. 灯具金属外壳是否作接零保护。

3. 室内线路及灯具安装高度是否符合要求。

4. 潮湿作业是否使用 36V 以下安全电压。

5. 使用 36V 安全电压照明线路是否混乱，接头处是否用绝缘布包扎。

6. 手持照明灯是否使用 36V 以下电源供电。

（五）配电线路

1. 电线是否老化，破皮是否包扎。

2. 电杆、横担是否符合要求。

3. 架空线路是否符合要求。

4. 是否使用五芯电缆。

5. 电缆架设或埋设是否符合要求。

（六）电器装置

1. 闸具、熔断器参数与设备容量是否匹配，安装是否符合要求。

2. 是否用其他金属丝代替熔丝。

（七）用电档案

1. 是否有专项用电施工组织设计。

2. 是否有地极阻值遥测记录。

3. 是否有电工巡视维修记录，记录填写是否真实。

4. 用电档案内容是否齐全，有无专人管理。

七、物料提升机

（一）架体制作

1. 是否有经审批合格的设计计算书。

2. 架体制作是否符合安全设计要求和规范要求。

3. 使用厂家生产的产品，是否有建筑安全监督管理部门准用证。

（二）限位保险装置

1. 吊篮是否有停靠装置。

2. 停靠装置是否形成定型化。

3. 是否有超高限位装置。

4. 是否采用摩擦式卷扬机超高限位器断电。

（三）架体稳定

1. 缆风绳设置是否符合标准要求。

2. 与建筑结构连接是否符合标准要求。

（四）钢丝绳

1. 钢丝绳磨损是否超过报废标准。

2. 绳卡是否符合规定要求。

3. 钢丝绳是否拖地。

（五）楼层卸料平台防护

1. 卸料平台两侧是否有防护栏杆。

2. 平台脚手板搭设是否严实可靠。

3. 平台是否有有效、定型化、工具化的防护门。

4. 地面进料口是否有防护棚，防护棚是否符合要求。

（六）吊篮

1. 吊篮是否有定型化、工具化的安全门。

2. 高架提升机是否使用吊笼。

3. 乘坐吊篮是否违章。

4. 吊篮提升禁止使用单根钢丝绳。

（七）架体

1. 架体安装拆除是否有施工方案。

2. 架体基础是否符合要求。

3. 架体垂直偏差是否超过规定。

4. 架体与吊篮间隙是否超过规定。

5. 架体外侧是否有立面防护网，防护网是否严密。

6. 摇臂把杆是否经过设计，安装是否符合要求，安装是否有保险绳。

7. 井字架开口处是否加固。

（八）传动系统

1. 卷扬机地锚是否牢固。

2. 卷筒钢丝绳缠绕是否整齐。

3. 第一个导向滑轮距离是否小于 15 倍卷筒宽度。

4. 滑轮翼缘是否破损，是否与架体柔性连接。

5. 卷筒上是否有防止钢丝绳滑脱保险装置。

6. 滑轮与钢丝绳是否相匹配。

（九）联络信号

1. 是否有联络信号且信号联络方式是否合理准确。

（十）卷扬机操作棚

1. 是否有符合要求的卷扬机操作棚。

（十一）避雷

1. 防雷保护范围以外是否有符合要求的避雷装置。

八、施工机具

（一）平刨

1. 是否具备平刨安装验收合格手续。

2. 是否有护手安全装置。

3. 传动部位是否有防护罩。

4. 是否按规定做保护接零、无漏电保护器。

5. 无人操作时是否切断电源。

6. 是否违反规定将平刨和圆盘锯合用一台电机的多功能木工机具。

（二）圆盘锯

1. 是否具备电锯安装验收合格手续。

2. 是否有锯盘护罩、分料器、防护挡板安全装置和转动部位防护。

3. 是否按规定做保护接零、无漏电保护器。

4. 无人操作时是否切断电源。

（三）手持电动工具

1. Ⅰ类手持电动工具是否有保护接零。

2. 使用Ⅰ类手持电动工具时是否按规定穿戴绝缘用品。

3. 使用手持电动工具是否随意接长电源线或更换插头。

（四）钢筋机械

1. 是否具备机械安装验收合格手续。

2. 是否按规定做保护接零、无漏电保护器。

3. 钢筋冷拉作业区及对焊作业区是否有防护措施。

4. 传动部位是否有防护。

（五）电焊机

1. 是否具备电焊机安装验收合格手续。

2. 是否按规定做保护接零、无漏电保护器。

3. 是否有二次空载降压保护器或无触电保护器。

4. 一次线长度是否有超过规定或不穿管保护的。

5. 电源是否按规定使用自动开关。

6. 焊把线接头是否有超过 3 处或绝缘老化的。

7. 电焊机是否有防雨罩。

（六）搅拌机

1. 是否具备搅拌机安装验收合格手续。

2. 是否按规定做保护接零、无漏电保护器。

3. 离合器、制动器、钢丝绳是否达到标准。

4. 操作手柄是否有保险装置。

5. 搅拌机是否有防雨棚。

6. 料斗是否有保险挂钩且按规定使用。

7. 传动部位是否有防护罩。

8. 作业平台是否稳定。

（七）气瓶

1. 各种气瓶是否有标准色标并按标准存放。

2. 气瓶间距是否按规定大于 5m、距明火大于 10m。

3. 气瓶是否有防震圈和防护帽。

（八）操作工

1. 起重工、电焊工等特种作业工种是否持安全操作证上岗。

九、现场防火

（一）是否有消防措施、制度和灭火器材。

（二）灭火器材配置是否合理。

（三）是否有动火审批手续和动火监护。

第四节　农药使用安全知识

农药是重要的园林绿化生产资料，在园林有害生物的应急防控工作中有着不可替代的地位和作用。随着农药科技的发展，农药的剂型、种类不断增加。面对种类繁多的农药，如何正确选购，现已成为农药使用者较为关心的问题。选购适用、质优的农药是保证安全和药物应用效果的前提。农药使用要求的技术性强，使用得好，可以有效防治园林有害生物，保护园林绿化成果；使用不当，则会导致植物药害、病虫害产生抗药性、大量杀伤天敌、环境污染、人畜中毒事故等的发生。

一、正确选购农药

1. 首先要明确防治对象，正确选购农药。购买时要仔细阅读使用说明和注意事项，选用适合的农药品种。

2. 要注意经营是否正规、合法。正规经营者熟悉有关知识，进货渠道正规，质量有保障，能够正确、详细地介绍适合防治病虫的农药及其特点、使用技术、防治适期。

3. 选购高效、安全、经济的农药。应选购用量少、防治效果好、毒性低的农药。

4. 要注意价格是否适当。有的农药价格明显偏低，要提防假农药或有效成分含量不足的农药。

5. 要注意农药包装是否合格。合格的农药包装严密，标签内容完整、“三证”齐全、字迹清晰。

6. 要注意农药外在质量。合格农药乳剂无分层沉淀，粉剂膨松不结块，粒剂颗粒均匀附着良好，悬浮剂澄清透彻，摇匀快速。

7. 要注意生产日期。一般农药有效期为二年，若超过有效期则药效降低。

8. 要注意查看标签上农药的成分，选择适当剂型。

二、农药的科学使用

1. 弄清防治对象，对症下药。

2. 把握防治适期，适时用药。

3. 选用适当剂型和施药方法。如防治地下害虫可以拌种、浸种、毒饵、毒土等。

4. 掌握合理的用药量和用药次数。浓度太高则产生药害等副作用，次数太多会增加防治成本，污染环境。

5. 合理混用农药。两种药剂混用，可兼治多种病虫，有时还有增效作用，可以减少打药次数，节省人力物力。但混用不当，适得其反，如大多数农药不能与碱性农药混用。混用时应把握如下四项原则：①混合后，药效提高的可以混用。②混合后，发生不良物理或化学变化，如出现浑浊物、分层、沉淀的不可混用。③混合后，产生药害的不能混用。④混合后，毒性提高的不能混用。

6. 注意轮换或交替用药。避免产生抗性。

三、农药的安全使用

1. 农药运输，远离食品

农药必须单独运输，运输农药时发现有渗漏、破裂的，应用规定的材料包装后运输，并及时妥善处理被污染的地面、运输工具和包装材料。农药不得与粮食、蔬菜、瓜果、食品及日用品等物品混运。

2. 农药贮存，专人保管

修建农药专用库房或箱柜上锁存储，并有专人保管。农药进出口仓库应建立登记手续，不得随意存取。农药贮存应选择凉爽、干燥、避光、通风的场所。尽量减少贮存量和贮存时间，避免积压变质和安全隐患。农药不得与食品、粮食、饲料、化肥、种子及日用品等物品混存。防止儿童及动物进入农药库房。贮存的农药包装上应有完整、牢固、清晰的标签。农药应用原包装存放，不能用其他容器盛装农药。农药空瓶（袋）应在清洗 3 次后，远离水源深埋或焚烧，不得随意乱丢，不得盛装其他农药，更不能盛装食品。

3. 农药配制，专用器皿

农药配制，要选择专用器具量取和搅拌。绝不能直接用手取药和搅拌农药。配药和拌种应选择远离饮用水源、居民点的安全地方，专人看管，严防农药或毒种散失或被人、畜家禽误食。

4. 药械故障，及时维修

施药机械出现滴漏或喷头堵塞等故障，要及时正确维修。不能用滴漏的喷雾器施药，更不能用嘴直接吹吸堵塞的喷头。

5. 外业施药，注意防护

外业施用农药，必须穿防护衣裤和防护鞋，戴口罩、帽子和防护手套。年老、体弱、有病的人员，儿童、孕期、经期和哺乳期妇女不能施用农药。施药完毕，洗澡更衣。

6. 喷洒农药，注意天气

应在无雨、3 级风以下天气喷洒农药。不能逆风喷施农药。夏季高温季节喷施农药，要在上午 10 点前和下午 3 点后进行，中午不能喷药。施药人员每天喷药时间一般不得超过 6 小时。

7. 高毒农药，禁止使用

瓜果、蔬菜、果树、茶叶、中药材等作物，严禁使用高毒、高残留农药，以防食用者中毒。

8. 施药现场，禁烟禁食

配药、施药现场，严禁抽烟、用餐和饮水。必须远离施药现场，将手脸洗净后方可抽烟、用餐、饮水和从事其他活动。施过农药的区域要树立警戒标识，在一定时间内，禁止人畜入内进行游览、休憩、挖野菜、割草及园林栽培操作等一切行为。

9. 防治病虫，科学用药

对园林病、虫、草害，采用综合防治（IPM）技术，使用农药防治时，要按照当地植保技术人员的推荐意见，选择对症农药，在适宜施药时期，用正确施药方法，施用经济有效农药剂量。不得随意加大施药剂量和改变施药方法。保护天敌，减少用药。

10. 农药中毒，及时抢救

施药人员出现头痛、头昏、恶心、呕吐等农药中毒症状时，应立即离开施药现场，脱掉污染衣裤，及时带上农药标签至医院治疗。

四、禁止或限制使用的农药

按照《农药管理条例》规定：任何农药产品都不得超出农药登记批准的使用范围使用。剧毒、高毒农药不得用于防治卫生害虫，不得用于蔬菜、瓜果、茶叶和中草药材。《中华人民共和国食品安全法》第四十九条规定：禁止将剧毒、高毒农药用于蔬菜、瓜果、茶叶和中草药材等国家规定的农作物；第一百二十三条规定：违法使用剧毒、高毒农药的，除依照有关法律、法规规定给予处罚外，可以由公安机关依照规定给予拘留。2017 年国家禁用和限用的农药名录如下：

1. 禁止生产销售和使用的农药名单（42 种）

六六六、滴滴涕、毒杀芬、二溴氯丙烷、杀虫脒、二溴乙烷、除草醚、艾氏剂、狄氏剂、汞制剂、砷类、铅类、敌枯双、氟乙酰胺、甘氟、毒鼠强、氟乙酸钠、毒鼠硅，甲胺磷、甲基对硫磷、对硫磷、久效磷、磷胺、苯线磷、地虫硫磷、甲基硫环磷、磷化钙、磷化镁、磷化锌、硫线磷、蝇毒磷、治螟磷、特丁硫磷、氯磺隆，福美胂、福美甲胂、胺苯磺隆单剂、甲磺隆单剂（38 种）。

百草枯水剂自 2016 年 7 月 1 日起停止在国内销售和使用；胺苯磺隆复配制剂，甲磺隆复配制剂自 2017 年 7 月 1 日起禁止在国内销售和使用；三氯杀螨醇自 2018 年 10 月 1 日起，全面禁止三氯杀螨醇销售、使用（4 种）。

2. 下表为限制使用的 25 种农药（表 3-1）。

限制使用的 25 种农药　　表 3-1

中文通用名	禁止使用范围
甲拌磷、甲基异柳磷、内吸磷、克百威、涕灭威、灭线磷、硫环磷、氯唑磷	蔬菜、果树、茶树、中草药材
水胺硫磷	柑橘树
灭多威	柑橘树、苹果树、茶树、十字花科蔬菜
硫丹	苹果树、茶树
溴甲烷	草莓、黄瓜
氧乐果	甘蓝、柑橘树

续表

中文通用名	禁止使用范围
三氯杀螨醇、氰戊菊酯	茶树
杀扑磷	柑橘树
丁酰肼（比久）	花生
氟虫腈	除卫生用、玉米等部分旱田种子包衣剂外的其他用途
溴甲烷、氯化苦	登记使用范围和施用方法变更为土壤熏蒸，撤销除土壤熏蒸外的其他登记
毒死蜱、三唑磷	自 2016 年 12 月 31 日起，禁止在蔬菜上使用
2，4- 滴丁酯	不再受理、批准 2，4- 滴丁酯（包括原药、母药、单剂、复配制剂，下同）的田间试验和登记申请；不再受理、批准 2，4- 滴丁酯境内使用的续展登记申请。保留原药生产企业 2，4- 滴丁酯产品的境外使用登记，原药生产企业可在续展登记时申请将现有登记变更为仅供出口境外使用登记
氟苯虫酰胺	自 2018 年 10 月 1 日起，禁止氟苯虫酰胺在水稻作物上使用
克百威、甲拌磷、甲基异柳磷	自 2018 年 10 月 1 日起，禁止克百威、甲拌磷、甲基异柳磷在甘蔗作物上使用
磷化铝	应当采用内外双层包装。外包装应具有良好密闭性，防水、防潮、防气体外泄。自 2018 年 10 月 1 日起，禁止销售、使用其他包装的磷化铝产品

第四章　法规法律

第一节　与城市绿化有关的法律法规

与城市绿化有关的法律、法规规定了在进行城市绿化时应该遵循什么样的规则，并对破坏这些规则的单位或个人处以什么样的处罚。与城市绿化有关的国家重要法律法规有多部，即《中华人民共和国城镇绿化条例》、《中华人民共和国劳动法》、《中华人民共和国进出境动植物检疫法》、《中华人民共和国合同法》等，另外，《北京市绿化条例》也是北京进行城市绿化的重要法律依据。

一、中华人民共和国城镇绿化条例

（一）颁布时间

《中华人民共和国城市绿化条例》是1992年5月21日国务院第104次常务会议通过的，自1992年8月1日起施行。

（二）需要掌握的重要内容

1.《城市绿化条例》一共分为五章，第一章总则，第二章规划和建设，第三章保护和管理，第四章罚则，第五章附则。第一章规定了条例的范围及条例的执行单位，第二章规定了城市在进行绿地规划和建设应遵守的规则，第三章规定了对绿地进行保护和管理应遵守的规则，第四章规定了对违反本条例所采取的处罚措施，第五章提出了省、自治区、直辖市人民政府可以依照本条例制定实施办法。

2. 第一章总则。其中：

第五条规定：城市中的单位和有劳动能力的公民，应当依照国家有关规定履行植树或者其他绿化义务；

第七条规定：国务院设立全国绿化委员会，统一组织领导全国城乡绿化工作，其办公室设在国务院林业行政主管部门。地方绿化管理体制，由省、自治区、直辖市人民政府根据本地实际情况规定。目前国务院林业行政主管部门是国家林业局，北京主管北京的林业和城镇绿化的是北京市园林绿化局。

3. 第二章规划和建设。其中：

第九条规定：城市人均公共绿地面积和绿化覆盖率等规划指标，由国务院城市建设行政主管部门根据不同城市的性质、规模和自然条件等实际情况规定。这条中的人均公共绿地面积即：城镇人均公共绿地面积指城镇公共绿地面积的人均占有量，以平方米/人表示。人均公共绿地的面积的计算公式为：

人均公共绿地面积 = 城市公共绿地面积 / 城市非农业人口；

绿化覆盖率是指绿化植物的垂直投影面积占城市总用地面积的比值。绿化覆盖率的计算公式为：

绿化覆盖率 (%)= 绿化植物垂直投影面积 / 城市用地总面积 ×100%

4. 第三章保护和管理。其中：

第十九条规定：任何单位和个人都不得擅自改变城市绿化规划用地性质或者破坏绿化规划用地的地形、地貌、水体和植被。

第二十条规定：任何单位和个人均不得擅自占用城市绿化用地；占用的城市绿化用地，应当限期归还。

第二十五条规定：百年以上树龄的树木，稀有、珍贵树木，具有历史价值或者重要纪念意义的树木，均属古树名木。在单位管界内或者私人庭院内的古树名木，由该单位或者居民负责养护，城市人民政府城市绿化行政主管部门负责监督和技术指导。

5. 第四章罚则。其中：

第二十七条规定：违反本条例规定，有下列行为之一的，由城市人民政府城市绿化行政主管部门或者其授权的单位责令停止侵害，可以并处罚款；造成损失的，应当负赔偿责任；应当给予治安管理处罚的，依照《中华人民共和国治安管理处罚条例》的有关规定处罚；构成犯罪的，依法追究刑事责任：一是损坏城市树木花草；二是擅自修剪或者砍伐城市树木；三是砍伐、擅自迁移古树名木或者因养护不善致使古树名木受到损伤或者死亡；四是损坏城市绿化设施。

二、中华人民共和国劳动法

《中华人民共和国劳动合同法》是为了完善劳动合同制度，明确劳动合同双方当事人的权利和义务，保护劳动者的合法权益，构建和发展和谐稳定的劳动关系，制定本法。

（一）颁布时间

2012 年 12 月 28 日第十一届全国人民代表大会常务委员会第三十次会议《关于修改〈中华人民共和国劳动合同法〉的决定》修正。

（二）需要掌握的重要内容

1. 核心内容分为总则、订立 、履行和变更 、解除和终止、特别规定 、监督检查 、法律责任 、附则八个部分。

2．总则。其中：

第四条规定：用人单位应当依法建立和完善劳动规章制度，保障劳动者享有劳动权利、履行劳动义务。

第八条规定：用人单位招用劳动者时，应当如实告知劳动者工作内容、工作条件、工作地点、职业危害、安全生产状况、劳动报酬，以及劳动者要求了解的其他情况；用人单位有权了解劳动者与劳动合同直接相关的基本情况，劳动者应当如实说明。

第十四条规定：无固定期限劳动合同，是指用人单位与劳动者约定无确定终止时间的劳动合同。

用人单位与劳动者协商一致，可以订立无固定期限劳动合同。有下列情形之一，劳动者提出或者同意续订、订立劳动合同的，除劳动者提出订立固定期限劳动合同外，应当订立无固定期限劳动合同：

（一）劳动者在该用人单位连续工作满十年的；

（二）用人单位初次实行劳动合同制度或者国有企业改制重新订立劳动合同时，劳动者在该用人单位连续工作满十年且距法定退休年龄不足十年的；

（三）连续订立二次固定期限劳动合同，且劳动者没有按照本法第三十九条和第四十条第一项、第二项规定的情形，续订劳动合同的。

用人单位自用工之日起满一年不与劳动者订立书面劳动合同的，视为用人单位与劳动者已订立无固定期限劳动合同。

第十九条规定：劳动合同期限三个月以上不满一年的，试用期不得超过一个月；劳动合同期限一年以上不满三年的，试用期不得超过二个月；三年以上固定期限和无固定期限的劳动合同，试用期不得超过六个月。

第三十八条规定：用人单位有下列情形之一的，劳动者可以解除劳动合同：

（一）未按照劳动合同约定提供劳动保护或者劳动条件的；

（二）未及时足额支付劳动报酬的；

（三）未依法为劳动者缴纳社会保险费的；

（四）用人单位的规章制度违反法律、法规的规定，损害劳动者权益的；

（五）因本法第二十六条 第一款规定的情形致使劳动合同无效的；

（六）法律、行政法规规定劳动者可以解除劳动合同的其他情形。

用人单位以暴力、威胁或者非法限制人身自由的手段强迫劳动者劳动的，或者用人单位违章指挥、强令冒险作业危及劳动者人身安全的，劳动者可以立即解除劳动合同，不需事先告知用人单位。

第三十九条规定：劳动者有下列情形之一的，用人单位可以解除劳动合同：

（一）在试用期间被证明不符合录用条件的；

（二）严重违反用人单位的规章制度的；

（三）严重失职，营私舞弊，给用人单位造成重大损害的；

（四）劳动者同时与其他用人单位建立劳动关系，对完成本单位的工作任务造成严重影响，或者经用人单位提出，拒不改正的；

（五）因本法第二十六条 第一款第一项规定的情形致使劳动合同无效的；

（六）被依法追究刑事责任的。

三、中华人民共和国进出境动植物检疫法

《中华人民共和国进出境动植物检疫法》是为防止动物传染病、寄生虫病和植物危险性

病、虫、杂草以及其他有害生物（以下简称病虫害）传入、传出国境，保护农、林、牧、渔业生产和人体健康，促进对外经济贸易的发展，制定的法律。

（一）颁布时间

1991年10月30日，第七届全国人民代表大会常务委员会第二十二次会议通过，自1992年4月1日起施行。

（二）需要掌握的重要内容

1. 共分为7章。第一章总则；第二章进境检疫；第三章出境检疫；第四章过境检疫；第五章携带、邮寄物检疫；第六章运输工具检疫；第七章法律责任；第八章附则。

2. 第一章总则。其中：

第二条规定：进出境的动植物、动植物产品和其他检疫物，装载动植物、动植物产品和其他检疫物的装载容器、包装物，以及来自动植物疫区的运输工具，依照本法规定实施检疫；

第四条规定：口岸动植物检疫机关在实施检疫时可以行使下列职权：

（一）依照本法规定登船、登车、登机实施检疫；

（二）进入港口、机场、车站、邮局以及检疫物的存放、加工、养殖、种植场所实施检疫，并依照规定采样；

（三）根据检疫需要，进入有关生产、仓库等场所，进行疫情监测、调查和检疫监督管理；

（四）查阅、复制、摘录与检疫物有关的运行日志、货运单、合同、发票及其他单证。

第五条规定：国家禁止下列各物进境：

（一）动植物病原体（包括菌种、毒种等）、害虫及其他有害生物；

（二）动植物疫情流行的国家和地区的有关动植物、动植物产品和其他检疫物；

（三）动物尸体；

（四）土壤。

3. 第二章进境检疫。其中：

第十条规定：输入动物、动物产品、植物种子、种苗及其他繁殖材料的，必须事先提出申请，办理检疫审批手续。

第十一条规定：通过贸易、科技合作、交换、赠送、援助等方式输入动植物、动植物产品和其他检疫物的，应当在合同或者协议中订明中国法定的检疫要求，并订明必须附有输出国家或者地区政府动植物检疫机关出具的检疫证书。

第十二条规定：货主或者其代理人应当在动植物、动植物产品和其他检疫物进境前或者进境时持输出国家或者地区的检疫证书、贸易合同等单证，向进境口岸动植物检疫机关报检。

第十三条规定：装载动物的运输工具抵达口岸时，口岸动植物检疫机关应当采取现场预防措施，对上下运输工具或者接近动物的人员、装载动物的运输工具和被污染的场地作防疫消毒处理。

第十四条规定：输入动植物、动植物产品和其他检疫物，应当在进境口岸实施检疫。未经口岸动植物检疫机关同意，不得卸离运输工具。输入动植物，需隔离检疫的，在口岸动植物检疫机关指定的隔离场所检疫。

4. 第三章出境检疫。其中：

第二十条规定：货主或者其代理人在动植物、动植物产品和其他检疫物出境前，向口岸动植物检疫机关报检。出境前需经隔离检疫的动物，在口岸动植物检疫机关指定的隔离场所检疫。

第二十一条规定：输出动植物、动植物产品和其他检疫物，由口岸动植物检疫机关实施检疫，经检疫合格或者经除害处理合格的，准予出境；海关凭口岸动植物检疫机关签发的检疫证书或者在报关单上加盖的印章验放。检疫不合格又无有效方法作除害处理的，不准出境。

5. 第五章携带、邮寄物检疫。对携带、邮寄物的检疫办法践行了界定。其中：

第二十八条规定：携带、邮寄植物种子、种苗及其他繁殖材料进境的，必须事先提出申请，办理检疫审批手续。

第二十九条规定：禁止携带、邮寄进境的动植物、动植物产品和其他检疫物的名录，由国务院农业行政主管部门制定并公布。携带、邮寄前款规定的名录所列的动植物、动植物产品和其他检疫物进境的，作退回或者销毁处理。

第三十条规定：携带本法第二十九条规定的名录以外的动植物、动植物产品和其他检疫物进境的，在进境时向海关申报并接受口岸动植物检疫机关检疫。携带动物进境的，必须持有输出国家或者地区的检疫证书等证件。

第三十一条规定：邮寄本法第二十九条规定的名录以外的动植物、动植物产品和其他检疫物进境的，由口岸动植物检疫机关在国际邮件互换局实施检疫，必要时可以取回口岸动植物检疫机关检疫；未经检疫不得运递。

第三十二条规定：邮寄进境的动植物、动植物产品和其他检疫物，经检疫或者除害处理合格后放行；经检疫不合格又无有效方法作除害处理的，作退回或者销毁处理，并签发《检疫处理通知单》。

第三十三条规定：携带、邮寄出境的动植物、动植物产品和其他检疫物，物主有检疫要求的，由口岸动植物检疫机关实施检疫。

6. 第七章法律责任，其中：

第三十九条规定：违反本法规定，有下列行为之一的，由口岸动植物检疫机关处以罚款：

（一）未报检或者未依法办理检疫审批手续的；

（二）未经口岸动植物检疫机关许可擅自将进境动植物、动植物产品或者其他检疫物卸离运输工具或者运递的；

（三）擅自调离或者处理在口岸动植物检疫机关指定的隔离场所中隔离检疫的动植物的。

第四十二条规定：违反本法规定，引起重大动植物疫情的，依照刑法有关规定追究刑事责任。

第四十三条规定：伪造、变造检疫单证、印章、标志、封识，依照刑法有关规定追究刑事责任。

四、中华人民共和国合同法

为了保护合同当事人的合法权益，维护社会经济秩序，促进社会主义现代化建设制定。

（一）颁布时间

由中华人民共和国第九届全国人民代表大会第二次会议于 1999 年 3 月 15 日通过，于 1999 年 10 月 1 日起施行

（二）需要掌握的重要内容

1. 核心内容共 11 章，另加一个附则。第一章一般规定；第二章合同的订立；第三章合同的效力；第五章变更和转让；第六章权利义务终止；第七章违约责任；第八章其他规定；第九章买卖合同；第十章供用电合同；第十一章赠与合同。

2. 第一章一般规定。其中：

第八条规定：依法成立的合同，对当事人具有法律约束力。当事人应当按照约定履行自己的义务，不得擅自变更或者解除合同。依法成立的合同，受法律保护。

3. 第二章合同的订立。其中：

第十条规定：当事人订立合同，有书面形式、口头形式和其他形式。法律、行政法规规定采用书面形式的，应当采用书面形式。当事人约定采用书面形式的，应当采用书面形式。

第三十二条规定：当事人采用合同书形式订立合同的，自双方当事人签字或者盖章时合同成立。

第四十二条规定：当事人在订立合同过程中有下列情形之一，给对方造成损失的，应当承担损害赔偿责任：

（一）假借订立合同，恶意进行磋商；

（二）故意隐瞒与订立合同有关的重要事实或者提供虚假情况；

（三）有其他违背诚实信用原则的行为。

4. 第七章对违约责任进行了界定。其中：

第一百零七条规定：当事人一方不履行合同义务或者履行合同义务不符合约定的，应当承担继续履行、采取补救措施或者赔偿损失等违约责任。

第一百零八条规定：当事人一方明确表示或者以自己的行为表明不履行合同义务的，对方可以在履行期限届满之前要求其承担违约责任。

五、《北京市绿化条例》

北京与其他一些省市一样，根据本身的实际，出台了自己的城镇绿化条例或城镇绿化办法，但是各省市的城镇绿化条例或城镇绿化办法不能违背中华人民共和国《城镇绿化条例》。

（一）颁布时间

《北京市绿化条例》已由北京市第十三届人民代表大会常务委员会第十四次会议于 2009

年 11 月 20 日通过，自 2010 年 3 月 1 日起施行。

（二）**需要掌握的重要内容**

1. 共分为 7 章。第一章总则，第二章规划与建设，第三章义务植树，第四章绿地保护，第五章监督与管理，第六章法律责任，第七章附则。

2. 第二章规划与建设。其中：

第二十条规定：建设工程应当按照规划安排绿化用地。规划行政主管部门在办理相关审批手续时，应当按照绿地系统规划和详细规划确定建设工程附属绿化用地面积占建设工程用地总面积的比例。其中，新建居住区、居住小区绿化用地面积比例不得低于 30%，并按照居住区人均不低于 $2m^2$、居住小区人均不低于 $1m^2$ 的标准建设集中绿地；成片开发或者改造的地区应当按照规划要求建设集中绿地，绿地建设费用纳入开发建设总投资。

3. 第三章义务植树。其中：

第三十七条规定：单位或者个人通过认养公共绿地履行植树义务的，可以在区、县绿化委员会指导下与公共绿地管护单位签订协议，按照要求对公共绿地实施养护，并根据协议对公共绿地享有一定期限的冠名权。

4. 第四章绿地保护。其中：

第四十六条规定：开发利用绿地地下空间的，应当符合国家和本市有关建设规范，不得影响树木正常生长和绿地使用功能；

第五十条规定：禁止下列损害绿化的行为：（一）在树木旁或者绿地内倾倒、排放污水、垃圾、渣土及其他废弃物；（二）损毁树木、花草及绿化设施；（三）在树木或者绿化设施上悬挂广告牌或者其他物品；（四）在绿地内取土、搭建构筑物；（五）在绿地内用火、烧烤；（六）其他损害绿化成果及绿化设施的行为。

5. 第五章监督与管理。其中：

第五十七条规定：任何单位和个人不得擅自改变绿地的性质和用途。中心城、新城、建制镇范围内，因基础设施建设等特殊原因需要改变公共绿地性质和用途的，应当经市人民政府批准。需要改变其他绿地性质和用途的，应当经市绿化行政主管部门审核、市规划行政主管部门批准；

第五十八条规定：严格限制移植树木。因城市建设、居住安全和设施安全等特殊原因确需移植树木的，应当经绿化行政主管部门批准。移植许可证应当在移植现场公示，接受公众监督。同一建设项目移植树木不满 50 株的，由区、县绿化行政主管部门批准；一次或者累计移植树木 50 株以上的，由市绿化行政主管部门批准。

6. 第六章法律责任。其中：

第七十二条规定：违反本条例第六十一条规定，建设单位未按照规定将代征绿地交区、县绿化行政主管部门组织绿化的，责令限期交回，并处每日每平方米 0.5 元的罚款。

第二节　城市绿化标准

城市绿化标准规定了在进行某项绿化时应该遵循什么样的技术程序。我国有关城镇绿化的标准分为国家标准、行业标准和地方标准。园林行业的国家标准是由人大常委会批准、由国务院颁布实施的，而园林行业标准则是由住房和城乡建设部或国家林业局颁布实施的，同样地方标准则是由地方省市根据自己的实际制定和实施的。目前与城市绿化有关的国家和行业标准约有 100 余项，北京市颁布的园林地方标准也有 100 余项。这些标准涉及绿地和规划，公园、居住区设计，绿化施工和验收以及树木修剪等诸多方面。在实际工作中应仔细查阅，应特别了解几个主要的园林绿化国家、行业、地方标准，分别见表 4-1、表 4-2 和表 4-3。

几个主要中华人民共和国城市绿化国家标准名录　　表 4-1

序号	标准名称	主编单位	颁布单位	颁布日期	核心内容
1	风景名胜区规划规范 GB50298—1999	中国城市规划设计研究院等	中华人民共和国建设部	1999-11-10	规定了进行风景名胜区规划时应遵循的原则和技术标准
2	主要花卉产品等级 第 7 部分 草坪 GB/T 18247.7—2000	北京林业大学等	中华人民共和国林业局	2000-11-16	规定了草坪及草坪产品的质量分级及检测方法
3	主要花卉产品等级 第 5 部分 花卉种苗 GB/T 18247.5—2000	中国林木种子公司等	中华人民共和国林业局	2000-11-16	规定了常见的切花种苗等级划分、检测方法及判定原则
4	城市绿地设计规范 GB 50420—2007	上海市绿化管理局等	中华人民共和国建设部	2007-05-21	规定了进行城市绿地设计时应遵循的原则和技术标准
5	节水灌溉工程技术标准 GB/T 50363—2018	水利部农田灌溉研究所等	中华人民共和国住房和城乡建设部	2018-03-16	规定了进行节水灌溉设计时应遵循的原则和技术标准
6	城市居住区规划设计规范 GB/T 50180—2018	中国城市规划设计研究院等	中华人民共和国住房和城乡建设部	2018-07-10	规定了进行城市居住区规划设计时应遵循的原则和技术标准

几个主要中华人民共和国城市绿化行业标准名录　　表 4-2

序号	标准名称	主编单位	颁布单位	颁布日期	核心内容
1	城市绿地分类标准 CJJ/T85—2002	北京北林地景园林规划设计院有限责任公司等	中华人民共和国建设部	2002-06-03	规定了城市绿地的类别及进行规划和建设时应遵循的基本原则
2	公园设计规范 GB51192—2016	北京市园林局等	中华人民共和国建设部	2016-08-26	规定了公园的种类及进行规划和建设时应遵循的基本原则
3	园林绿化工程施工及验收规范 CJJ/T82—2012	天津市市容和园林管理委员会	中华人民共和国住房和城乡建设部	2012-12-24	规定了园林工程开工前及竣工验收应遵循的基本原则
4	城市道路绿化规划与设计规范 CJJ75—1997	中国城市规划设计研究院等	中华人民共和国建设部	1998-05-01	规定了进行道路绿化应遵循的基本原则
5	风景园林图例图示标准 CJJ/T67—2015	同济大学建筑城市规划学院等	中华人民共和国住房和城乡建设部	2015-01-09	规定了园林中如古建筑、树木、流水等的图例符号

续表

序号	标准名称	主编单位	颁布单位	颁布日期	核心内容
6	园林基本术语标准 CJJ/T91—2002	城市建设研究院等	中华人民共和国建设部	2002-12-01	规定了园林行业的规划、设计、施工、管理、科研、教学及其他相关领域的术语

几个主要城市绿化北京地方标准名录　表 4-3

序号	标准名称	主编单位	颁布单位	颁布日期	核心内容
1	节水型林地、绿地建设规程 DB11/T 1502—2017	北京市园林科学研究院等	北京市质量技术监督局	2018-04-01	规定了节水型林地、绿地建设的一般要求、场地整理、雨水设施建设、节水植物配置、节水灌溉和蓄水保墒等技术要求
2	集雨型绿地工程设计规范 DB11/T 1436—2017	北京市园林绿化局等	北京市质量技术监督局	2017-10-01	规定了集雨型绿地工程设计的基本要求、总体设计、雨水系统设计、雨水设施设计等技术要求
3	行道树栽植与养护管理技术规范 DB11/T 839—2017	北京市园林科学研究院等	北京市质量技术监督局	2017-10-01	规定了行道树的栽植、养护管理、安全作业与文明施工等技术内容
4	园林绿化工程施工及验收规范 DB11/T 212—2017	北京市园林绿化工程质量监督站等	北京市质量技术监督局	2018-03-01	规定了园林绿化工程施工及验收的基本规定，分部、分项工程质量控制及验收要求
5	园林绿化用植物材料木本苗 DB11/T 211—2017	北京市园林科学研究院等	北京市质量技术监督局	2017-07-01	规定了园林绿化露地栽植木本苗的技术要求、检验方法、检验规则以及出圃等方面的内容
6	主要花坛花卉种苗生产技术规程 DB11/T 1352—2016	北京市花木有限公司等	北京市质量技术监督局	2016-12-01	规定了主要花坛花卉穴盘播种苗播种前准备、播种、播种后管理、出圃等方面的技术要求
7	城市绿地土壤施肥技术规程 DB11/T 1184—2015	北京林业大学等	北京市质量技术监督局	2015-08-01	规定了北京地区城市绿地土壤的施肥原则、土壤分析及施肥方法
8	园林绿地工程建设规范 DB11/T 1175—2015	北京市园林古建设计研究院有限公司等	北京市质量技术监督局	2015-05-01	规定了园林绿地中关于植物、土壤、铺装、建筑、给排水、电气等主要内容的工程建设基本要求
9	园林绿化工程竣工图编制规范 DB11/T 989—2013	北京景观园林设计有限公司等	北京市质量技术监督局	2013-10-01	准规定了园林绿化工程竣工图编制的依据、质量标准、编制方法、编制步骤，以及竣工图汇总、折叠和组卷等方面的内容和要求
10	屋顶绿化规范 DB11/T 281—2015	北京市园林科学研究所等	北京市质量技术监督局	2015-12-30	规定了屋顶绿化基本要求、类型、种植设计与植物选择和屋顶绿化技术
11	园林绿化种植土壤 DB11/T 864—2012	北京林业大学等	北京市质量技术监督局	2012-09-01	规定了北京地区一般园林绿化种植土壤的术语和定义、质量要求、取样及检测方法和检验规则
12	藤本月季养护规程 DB11/T 865—2012	北京市园林科学研究所等	北京市质量技术监督局	2012-09-01	规定了绿地中藤本月季的修剪、灌溉、施肥，有害生物防治、补植、防寒的养护管理要求

续表

序号	标准名称	主编单位	颁布单位	颁布日期	核心内容
13	园林绿化废弃物堆肥技术规程 DB11/T 840—2011	北京林业大学等	北京市质量技术监督局	2012-04-01	规定了园林绿化废弃物的堆肥前期准备、堆肥方法、腐熟度判定
14	行道树修剪规范 DB11/T 839—2011	北京市园林绿化局城镇绿化处等	北京市质量技术监督局	2012-04-01	规定了行道树修剪原则、修剪要求、修剪季节与频度、修剪方法、作业安全及修剪后措施
15	北京市园林绿化工程资料管理规程 DB11 712—2019	北京市园林绿化服务中心等	北京市质量技术监督局	2019-03-27	规定了园林绿化工程的管理职责、工程资料管理、工程资料分类及编号、基建文件、监理资料、施工资料、竣工图、工程资料编制与组卷、验收与移交、计算机管理等方面的内容与要求
16	古树名木日常养护管理规范 DB11/T 767—2010	北京市林业科技推广站等	北京市质量技术监督局	2011-04-01	规定了古树名木日常养护管理中各项养护技术措施、管理措施要求以及养护管理投资测算方法
17	大规格苗木移植技术规程 DB11/T 748—2010	北京市园林科学研究所等	北京市质量技术监督局	2011-01-01	规范了园林绿化施工中移植大规格苗木的操作过程
18	露地花卉布置技术规程 DB11/T 726—2010	北京市园林绿化局等	北京市质量技术监督局	2010-10-01	规定了露地花卉布置的设计要点、施工、养护管理、拆除等方面的技术要求
19	美国白蛾综合防控技术规程 DB11/T 703—2010	北京市林业保护站等	北京市质量技术监督局	2010-07-01	规定了美国白蛾的治理区划分、发生（危害）程度和成灾标准、虫情监测、预测预报、检疫、防治技术措施、防治效果检查等综合防控技术和方法
20	精品公园评定标准 DB11/T 670—2009	北京市园林绿化局公园风景区处等	北京市质量技术监督局	2010-04-01	规定了精品公园评定内容和评定标准
21	古树名木保护复壮技术规程 DB11/T 632—2009	北京市林业科技推广站等	北京市质量技术监督局	2009-05-01	规定了古树名木在进行保护复壮时的总要求和生长环境改良、有害生物防治、树体防腐填充修补、树体支撑加固、枝条整理、围栏保护的技术要求
22	古树名木评价标准 DB11/T 478—2007	北京市林业科技推广站等	北京市质量技术监督局	2007-09-01	规定了古树名木的术语和定义、确认分级、生长势分级、生长环境分级及价值评价和损失评价办法
23	园林绿化工程监理规程 DB11/T 245—2012	北京市园林绿化服务中心等	北京市质量技术监督局	2012-05-07	规定了项目监理机构对园林绿化工程项目的规划设计、施工准备、施工过程、竣工验收、保修养护等各阶段进行投资控制、进度控制、质量控制以及合同管理、信息管理等各个方面业务工作流程和要求
24	草坪节水灌溉技术规定 DB11/T 349—2006	北京市节约用水管理中心等	北京市质量技术监督局	2006-06-01	规定了草坪节水灌溉基本要求、灌溉制度和技术措施
25	园林设计文件内容及深度 DB11/T 335—2006	中国风景园林规划设计研究中心等	北京市质量技术监督局	2006-04-20	规定了园林设计中方案设计、初步设计、施工图设计的文件内容、深度要求以及制图的要求

参考文献

1. 北京市园林局．园林绿化工人技术培训教材 [M]. 植物与植物生理，1997
2. 北京市园林局．园林绿化工人技术培训教材 [M]. 土壤肥料，1997
3. 北京市园林局．园林绿化工人技术培训教材 [M]. 园林树木，1997
4. 北京市园林局．园林绿化工人技术培训教材 [M]. 园林花卉，1997
5. 北京市园林局．园林绿化工人技术培训教材 [M]. 园林识图与设计基础，1997
6. 北京市园林局．园林绿化工人技术培训教材 [M]. 绿化施工与养护管理，1997
7. 张东林．初级园林绿化与育苗工培训考试教程 [M]. 北京：中国林业出版社，2006
8. 曹慧娟．植物学（第二版）[M]. 北京：中国林业出版社，1999
9. 陈有民．园林树木学 [M]. 北京：中国林业出版社，2000
10. 卓丽环，龚伟红，王玲．园林树木 [M]. 北京：高等教育出版社，2006
11. 鲁涤非．花卉学 [M]. 北京：中国农业出版社，2000
12. 高润清，李月华，陈新露．园林树木学 [M]. 北京：气象出版社，2001
13. 北京林业大学园林系花卉教研组．花卉学 [M]. 北京：中国林业出版社，2000
14. 秦贺兰．花坛花卉优质穴盘苗生产手册 [M]. 北京：中国农业出版社，2011
15. 宋利娜．一二年生草花生产技术 [M]. 郑州：中原农民出版社，2016
16. 彩万志，庞雄飞，花保祯，梁广文，宋敦伦．普通昆虫学（第 2 版）[M]. 北京：中国农业大学出版社，2011
17. 丁梦然，王昕，邓其胜．园林植物病虫害防治 [M]. 北京：中国科学技术出版社，1996
18. 王振中，张新虎．植物保护概论 [M]. 北京：中国农业出版社，2005
19. 徐汉虹．植物化学保护学（第 4 版）[M]. 北京：中国农业出版社，2007
20. 许志刚．普通植物病理学（第 4 版）[M]. 北京：高等教育出版社，2009
21. 夏冬明．土壤肥料学 [M]. 上海：上海交通大学出版社，2007
22. 崔晓阳，方怀龙．城市绿化土壤及其管理 [M]. 北京：中国林业出版社，2001
23. 宋志伟．土壤肥料 [M]. 北京：高等教育出版社，2009
24. 沈其荣．土壤肥料学通论 [M]. 北京：高等教育出版社，2000
25. 郝朝阳．园林职业道德重在建设 [J]. 中外企业文化，2007(1)
26. 李海林．国有企业加强职业道德教育的思考 [J]. 西部煤炭化工，2004(1)
27. 董显辉．职业文化的内涵解读 [J]. 职教通讯，2011(15)
28. 张世友．论高校学生职业道德的势与导 [J]. 重庆工学院院报，2005(01)
29. 郭权．浅论加强职业道德建设 [J]. 职业，2011(3)
30. 邱爽，贾艳丽．职业道德的基本原则之我见 [J]. 辽宁教育行政学院学报，2009（11）
31. 杨建萍．论语中的三德论及其当代价值 [J]. 烟台大学学报，2007（2）
32. 周建良．职业素养培养在高职专业课教学中的实践研究 [J]. 教育与职业，2009（21）